BIBLIOTHÈQUE D'HORTICULTURE

(ENCYCLOPÉDIE HORTICOLE)

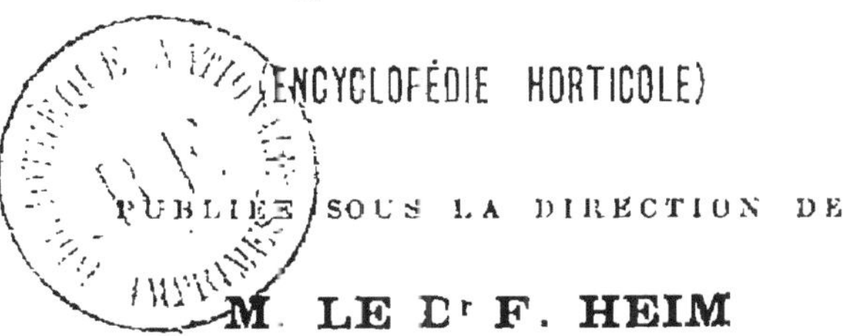

PUBLIÉE SOUS LA DIRECTION DE

M. LE Dr F. HEIM

Professeur agrégé d'Histoire Naturelle à la Faculté de Médecine
de Paris,

Docteur ès sciences,
Membre de la Société Nationale d'Horticulture.

LES BROMÉLIACÉES

HISTOIRE, MULTIPLICATION,

CULTURE ET LISTE DES PLUS JOLIES ESPÈCES

POUVANT ÊTRE CULTIVÉES OU EMPLOYÉES

A LA DÉCORATION

DES SERRES ET DES APPARTEMENTS

PAR L. DUVAL

Horticulteur, Membre honoraire de la Société centrale
d'Horticulture de France,

Vice-Président de la Société d'Horticulture de Seine-et-Oise,
Chevalier de la Légion d'Honneur,
Officier du Mérite agricole.

AVEC 46 FIGURES DANS LE TEXTE

PARIS

OCTAVE DOIN, ÉDITEUR
8, PLACE DE L'ODÉON, 8

1896

DÉDIDACE

A la Mémoire de mes maîtres et amis

Édouard MORREN,

Le Savant Broméliographe

Charles TRUFFAUT, père,

Le Savant Cultivateur

Je dédie ce livre sur les BROMÉLIACÉES.

L. Duval.

PRÉFACE

———

Les plantes dont nous allons parler, dans ce livre, sont, comme tant d'autres, de véritables joyaux créés par la nature pour la grande satisfaction de ceux qui savent les apprécier. Pourquoi donc leur applique-t-on ironiquement une appellation injurieuse pour leur réelle beauté (que nous espérons bien démontrer) en les traitant de *Plantes en zinc?* — Eh oui! c'est ainsi que certaines personnes et non des moins intelligentes traitent les très jolies plantes dont nous allons passer en revue les nombreuses espèces... très jolies nous le répétons, et, certes, il nous suffirait de choisir dans les listes nombreuses et fort longues des espèces qui figurent dans les ouvrages spéciaux pour y trouver de suite de véritables merveilles... La nature a justement voulu, pour les Broméliacées, établir les mêmes différences que pour bien d'autres végétaux: elle a su créer des espèces aux formes colossales, majestueuses même (*Vriesea gigantea*) et de véritables pygmées adorables dans leur petitesse (*Vriesea Duvali, Tillandsia usneoides*). Mais elle a créé aussi des types dont le feuillage, merveilleusement orné, semble plutôt se rapprocher de certaines algues, ou des réseaux délicats qui ornent les ailes de certains coléoptères... Les *Vriesea hieroglyphica* et *fenestralis*, le *Massangea musaïca*, sont à cet égard de splendides exemples de ce que la nature a su faire en gratifiant leurs feuilles d'ornements que l'homme, malgré sa science puissante de reproduction, ne saura jamais imiter. . Que dire des bractées de certaines espèces qui atteignent en splendeur tout ce qu'on peut imaginer ! Leur couleur tantôt rouge, tantôt bleue, tantôt jaune d'or sont souvent d'une durée fort grande; mais la forme même de ces bractées est toujours originale, il n'y a jamais rien de banal dans ces ornements que la nature a disposés pour accompagner les fleurs des Broméliacées... Tantôt c'est une longue grappe pendante donnant naissance à des fleurs bleu foncé accompagnées de larges bractées d'un rouge intense, ou des épis dressés, formés d'une substance succulente ressemblant à du corail... Puis ce sont des faisceaux de feuilles d'un vert splendide, desquelles s'échappent des bouquets d'autres feuilles (bractées) d'un ton d'aniline impossible à imiter...

Puis ce sont les *Vriesea* avec leurs inflorescences en forme de plumes, de coupe-papier, ou
de spatule, les uns rouge vermillon unique, les
autres rouge pourpre bordé d'or, d'autres enfin
jaune marbré ponctué, etc., et ces inimitables
Tillandsia Lindeni-vera avec leurs bractées en
forme de sagaies, d'où s'échappent de grandes
fleurs bleues, tandis que les bractées elles-mêmes
sont absolument semblables à de l'ivoire teinté
du plus beau rose... Oui ces plantes sont toutes
à divers titres très belles, très curieuses, et en
tout cas jamais banales... Si nous en parlons
avec tant d'enthousiasme, si nous vous les pré-
sentons avec autant d'entrain, c'est justement
parce que nous les aimons et que nous les culti-
vons depuis longtemps; c'est sans doute pour
cela que l'aimable et savant directeur de cette
bibliothèque a bien voulu nous confier la tâche
de vous en retracer la culture, aussi complète
que possible, mais aussi d'essayer en vous les
faisant connaître de vous détailler leurs qualités
décoratives, leur emploi dans les serres et les
appartements, de vous initier à ce que les savants et les horticulteurs ont dit et fait de ces
plantes; c'est ainsi que nous vous parlerons
non seulement des Broméliacées importées en
Europe des pays intertropicaux, mais aussi des
nombreux gains, provenant des croisements que
ceux qui s'occupent de ces plantes ont obtenus

et dont ils ont enrichi le monde horticole.

Mais ce qui sera pour nous la plus douce satisfaction, c'est de savoir que nous aurons pu con-
tribuer dans une certaine mesure, en écrivant ce
petit livre, à rendre plus populaires ces beaux
végétaux, à les avoir mieux fait connaître et,
par là, mieux apprécier des amateurs et de leurs
jardiniers... Pour les horticulteurs, le cas n'est
pas le même; certains ont su pratiquer leur culture en maîtres : le regretté Charles Truffaut
père est un de ceux qui surent faire de ces
plantes des merveilles de perfection, et, parmi les
savants, Édouard Morren qui fut un enthousiaste
et un habile semeur. Marcher modestement dans
le sillon tracé par ces savants et chers défunts,
est pour nous un grand honneur... mais nous y
avons été aidé considérablement par certains de
nos collègues, et non des moins savants; les
uns et les autres nous ont aidé de leurs excellents
conseils ou de leurs renseignements; aussi nous
ne voulons pas manquer d'adresser ici nos plus
sincères remerciements à MM. Edouard André
Cornu, Cappe père, Deladevansaye, Maréchal de
Liège, Opoix, Wille, et aussi à M. le Dr Heim,
qui a complété notre travail horticole par des
descriptions botaniques et nous a permis d'user
de nombreuses analyses dessinées par lui. Il
n'est pas toujours facile à l'auteur de nommer
tous ceux qui l'ont aidé à un titre quelconque

dans un travail qu'il désire voir aussi complet que possible : que les aimables collaborateurs qui m'ont demandé de ne pas les nommer, reçoivent aussi mes bien sincères remerciements; à tous je voudrais pouvoir rapporter la plus large part de l'accueil qui, je l'espère, sera fait à ce livre dans lequel j'ai personnellement mis tout ce que j'ai d'amour pour les *Broméliacées* si dignes, sous tous les rapports, des soins et de l'attention des cultivateurs qui voudront bien accorder quelque crédit à notre expérience, résultat de trente années de culture de la plante dont ce livre fait le sujet.

L. DUVAL.

LES BROMÉLIACÉES

CHAPITRE PREMIER

PARTIE HISTORIQUE AYANT TRAIT A L'INTRODUCTION DES BROMÉLIACÉES EN EUROPE

Il sera sans doute agréable aux lecteurs de ce traité de culture des Broméliacées de savoir depuis combien de temps ces plantes ont fait leur apparition dans les serres de l'Europe : non pas que nous puissions leur apporter des documents très certains à ce sujet, mais bien plutôt quelques notes dues à la bienveillance de notre aimable collègue de la Société centrale d'horticulture, professeur au Muséum, M. Cornu, qui a bien voulu nous les faire remettre très bien rédigées par M. J. Gérôme ; grâce aussi à la Flore de Van Houtte, grâce à nos souvenirs personnels et à ceux d'amis plus âgés que nous, il nous a été possible de recueillir certaines données intéressantes pour nos lecteurs. Il est donc fort probable qu'en fixant l'année 1689 comme celle où furent introduites les premières Broméliacées, on ne se trompe pas beaucoup. C'est à Plumier, qui fit un voyage dans les pays d'outre-mer qu'il publia en 1693, sous le titre de : *Plantes d'Amérique*, qu'il faut attribuer l'importation de certaines Broméliacées.

Ce fut Plumier qui, le premier, donna une description des premières espèces connues de cette grande famille ; il cita les *Bromelia*, les *Caraguata* et les *Karatas*.

Nous retrouvons Adanson qui, en 1763, dans ses *Familles naturelles*, outre trois genres établis par Plumier, cite le genre *Pinguin* et *Ananas* : le premier établi par Dillenius dans son *Hortus Elthamensis*, le deuxième par Tournefort.

Cependant nous verrons d'autre part que l'Ananas paraît avoir été apporté en Angleterre, vers 1555, par Jean de Léry, — ce qui semblerait faire supposer que c'est grâce à l'excellence de son fruit, et non comme plante décorative, qu'il dut d'être introduit à une époque aussi reculée.

On dit que d'autres voyageurs ont pu, après Plumier, introduire des Broméliacées, notamment : Feuillée (en 1709), voyageur français qui parcourut le Pérou et le Chili ; en 1730, Démarchais, voyageur français qui voyagea en Guinée et à Cayenne ; puis Joseph de Jussieu, 1735, et bien d'autres.

Duchartre, dans son *Manuel général des plantes*, tome IV, dit que le *Bromelia Pinguin* (*Ananas Pinguin* (GOERTN) — *Karatas Pinguin* (MILL) —aurait été introduit vers 1699 : il ne dit pas ni où ni par qui ; il se peut que ce fût en Angleterre, et par Plumier, ou du moins il est possible que des plantes aient été envoyées de ce côté de la Manche, et y aient été cultivées.

Nous verrons, en ce qui concerne l'Ananas, que

cette plante a été cultivée en France bien plus tard qu'elle ne le fut en Angleterre. P. Miller dans le *Dictionnaire du jardinier* (1785), en parlant de la culture de l'Ananas, dit que la première personne qui ait en Europe cultivé avec succès cette plante pour son fruit fut M. Le Court à Leyde, en Hollande ; mais il ne donne pas de date ; du reste tout cela n'a plus qu'une importance médiocre.

D'après Philippar, *Catalogue méthodique des végétaux cultivés dans le jardin des plantes de Versailles*, voici quelques documents sur l'Ananas.

La culture de l'Ananas a été pratiquée au potager de Versailles à la fin de 1700... Ce fut en 1733 qu'on y obtint le premier fruit de cette plante, dont les œilletons provenaient d'un présent fait au roi. Ce dernier les remit à Lenormand fils, qui succéda à son père après le célèbre La Quintynie ; le roi dégusta ces deux ananas le 24 décembre, et les trouva fort bons.

Nous pouvons donc, d'après ces documents, dire que le *Bromelia Pinguin* et l'Ananas cultivé au potager en 1700 seraient les premières Broméliacées introduites dans les cultures de serre d'Europe.

Nous avons vu qu'en Angleterre l'ananas fit son apparition en 1755, mais cela ne veut pas dire qu'il y était cultivé... et en réalité il est assez difficile de fixer une époque juste concernant la culture de certaines Broméliacées avant 1780. D'après P. Miller, c'est vers cette époque qu'on trouve déjà, dans les serres anglaises, certaines espèces (8ᵉ édition du *Dictionnaire du jardinier*, 1785), parmi lesquelles se trouvent :

Karatas Pinguin (Mill.) *Bromelia Pinguin*.

Bromelia nudicaulis. (*Æchmea nudicaulis* Griseb. (*Bilbergia nudicaulis* Lind.).

Bromelia lingulata (*Æchmea lingulata* Baker. *Haplophytum lingulatum*).

Ananas ovatus (*Ananas sativus var.*).
— *pyramidalis.*
— *glaber.*
— *lucidus.*
— *serotinus.*
— *viridis.*

En parcourant la flore des serres de Van Houtte, qui nous permet de remonter à quarante et quelques annés, nous trouvons successivement l'introduction d'espèces intéressantes dont l'horticulture a su profiter. *Billbergia rhodocyanea, Æchmea fulgens, Vriesea splendens* et tant d'autres y sont figurés et décrits et depuis ont fait leur chemin. Nous en trouvons beaucoup aussi dans d'autres ouvrages : la *Belgique horticole* de feu Morren, l'*Illustration horticole de Linden*, la *Revue de l'horticulture belge* de Pynaert, la *Revue horticole française*, les beaux ouvrages de M. André, tous ces documents sont à consulter pour établir l'histoire de la progression ascendante des Broméliacées au point de vue horticole ; nos souvenirs personnels nous permettent d'établir que, vers 1850, s'il y avait des Broméliacées dans certaines serres, si les Thibaut, les Luddmann et d'autres en France, si les Van Houtte, le Verschaffelt et les Linden en Belgique les cultivaient, il est évident que c'était au point de vue de la collection, et non comme l'a su faire plus tard le célèbre horticulteur Charles Truffaut père, dont l'horticulture française pleure la mort récente. C'est en effet, cet habile cultivateur qui, le premier, multiplia ces plantes en vue du commerce de détail et sut choisir dans les espèces celles qui lui parurent dignes d'attention, et il les traita de telle sorte qu'entre ses mains elles devinrent une source d'excellents produits, ce qui excita naturellement d'autres cultivateurs à tenter cette culture, notamment Wood à Rouen qui, pendant de longues années, s'occupa de la culture en grand des *Æchmea* et du *Nidularium*. Puis vinrent les grandes années de production, conséquence des développements énormes donnés à l'industrie horticole; de là vient la mise en culture de quantités énormes de certaines espèces comme les *Vriesea splendens*, dont deux établissements connus de Versailles purent jeter sur la place plus de dix ou quinze mille en l'espace de quelques années. Actuellement, on trouve des Broméliacées bien cultivées un peu partout; mais le grand centre de production pour la France c'est toujours Versailles, et c'est dans les serres des deux cultivateurs déjà cités que se trouvent concentrées des quantités de Broméliacées, dont l'énoncé du nombre paraîtrait certainement exagéré à certaines personnes, puisqu'il nous faudrait employer les six chiffres pour en donner une idée. En Belgique, en Allemagne, en Autriche, on cultive aussi ces plantes, en Angleterre fort peu, en Amérique on commence à les apprécier, elles y prendront droit de cité. Voilà le résumé de l'histoire des Broméliacées, des pages de cette histoire sont toutes disposées pour qu'on y inscrive successivement les étapes parcourues, et celles surtout qu'auront à parcourir les nombreux gains ou les nouvelles importations que l'avenir nous réserve; ainsi que le dit si bien le savant botaniste voyageur

André, si Linné connaissait une quinzaine de Broméliacées, on en connaît maintenant plus de sept cents, et si à ce nombre nous ajoutons les semis provenant de ceux qui se donnent à ce genre de propagation, on sera convaincu que, si l'histoire des Broméliacées importées est déjà intéressante, que sera celle des conquêtes que l'homme cherche à faire par son intelligence et sa persévérance ?

CHAPITRE II

LES BROMÉLIACÉES A L'ÉTAT NATUREL
(COUP D'ŒIL D'ENSEMBLE)

Quand on consulte les notes des voyageurs et des collecteurs qui ont parcouru les pays où croissent les Broméliacées, on s'aperçoit de suite de l'importance de cette famille et de la place qu'elle occupe dans le monde végétal ; on voit aussi qu'il faut de prime abord classer ces plantes en diverses sections, ainsi du reste que cela a été fait par le savant Van Houtte il y a fort longtemps déjà ; il disait en effet que les Broméliacées, selon leur station, doivent être classées au point de vue horticole en trois sections : celles qui croissent à découvert et dans les plaines, exemple : les *Ananassa* et les *Bromelia*; celles qui croissent sur les rochers découverts, là où elles trouvent un peu d'humus qui leur permet de se maintenir et de végéter, et enfin celles qui croissent sur les arbres et qui, par conséquent, sont d'une nature plus épiphyte : ce sont les *Æchmea*, les *Billbergia* et surtout les *Tillandsia* et les *Puya*. Il est certain que le grand horticulteur avait raison, et que les cinquante années qui se sont écoulées depuis qu'il a écrit ces lignes n'ont pas fait changer l'opinion des horticulteurs ; seulement nous avons voulu, depuis, savoir beaucoup de choses ; nous avons reçu des renseignements, et nous avons appris ainsi à connaître la façon de croître de beaucoup d'espèces qui, à l'époque où Van Houtte traçait cette subdivision, étaient encore inconnues.

C'est ainsi que, grâce à Ed. André, nous avons su comment certains *Tillandsia* se comportaient dans leur pays, comment croissent des espèces répandues à profusion, le *Tillandsia usneoides*, par exemple, si abondant dans certaines contrées de l'Amérique équinoxiale qu'il est ramassé pour servir aux emballages, le *Tillandsia incarnata* qui rampe sur le sol comme certaines mousses de nos pays. C'est par ce savant voyageur que nous avons appris à connaître la beauté de certains *Caraguata*, et l'aspect de Broméliacées aux grandes proportions, croissant sur les rochers et dominant l'homme de la grandeur de leur hampe florale ; par d'autres voyageurs, nous avons connu la magnificence des *Vriesa hieroglyphica*, véritables joyaux de la flore brésilienne qui, lorsqu'on les rencontre fixés fortement sur les débris de bois où ils ont élu domicile, arrachent des cris d'admiration aux plus blasés. C'est par les collecteurs comme Mélinon qu'on a connu la beauté des *Vriesea splendens*, suspendus par groupes compacts aux arbres de la Guyane, et dont les inflorescences en longues lames incandescentes semblent de loin autant de flammes rouges dont l'effet est indescriptible... Rien n'est plus beau que ces végétaux bizarres, dont les Européens critiquent les formes correctes dans les serres, mais dont les allures, l'aspect et les formes sont si bien appropriées au paysage où ils croissent, sans compter que la beauté de leurs bractées est souvent si grande qu'elle efface de beaucoup tout ce qui l'environne. La nature a donné justement à cette belle famille des Broméliacées les mêmes qualités qu'aux Orchidées, avec lesquelles du rese on les rencontre souvent ; elle a voulu que ce groupe fasse partie des reines de la forêt, trônant dans les gorges obscures, ou bien au bord des torrents impétueux, où suspendues au-dessus des flots elles semblent y mirer leur beauté ; mais elle a voulu que de plus modestes espèces soient dignes aussi de l'admiration de l'homme ; aussi leur a-t-elle assigné comme domaine les branches des vieux *arbres* et les grands fûts des fougères séculaires ; puis, voulant couronner son œuvre par une distribution pleine de justice et d'attraits pour les heureux privilégiés qui parcourent les pays tropicaux, elle a voulu que les adorables espèces de la tribu des Tillandsiées soient suspendues gracieusement aux branches extrêmes de certains arbres, et semblent autant de réseaux argentés ou de plumes se balançant au moindre souffle du vent, donnant à l'homme cette impression de grandeur qui se retrouve à chaque pas dans l'admirable et souveraine nature ! Chacune de ces Broméliacées est si bien à sa place, dans son milieu, si délicieusement posée juste à point pour le plaisir des yeux, entourée de végétaux bien faits pour la faire ressortir, mieux que ne le feront jamais les rangements corrects d'une serre ; rangements très appréciables certes, mais incapables de donner au visiteur la même impression durable que celle que ces jolies plantes déterminent dans les forêts tropicales dont nous venons d'essayer de donner une faible idée. Nous craignons bien de n'avoir pu que très imparfaitement esquisser ce tableau : qu'on nous pardonne cet essai, nous ne pouvions résister au désir de chercher à dire ce que nous savons sur la façon dont les Broméliacées s'offrent à la vue des voyageurs ; ceux-là seuls qui les ont contemplées nous pardonneront peut-être notre tentative. Ils le feront en raison des courts moments de plaisir que nous leur aurons procurés, en leur rappelant certains souvenirs de leurs longues courses à travers les forêts ou au flanc des montagnes qui donnent asile ou appui aux nombreuses Broméliacées dont l'Europe horticole est heureuse d'apprécier les beautés.

CHAPITRE III

EMPLOI DES BROMÉLIACÉES COMME PLANTES DÉCORATIVES.

Pendant longtemps on a traité les Broméliacées en parias, leur donnant les plus mauvaises places dans les serres, et leur assignant des coins à peine bons pour de chétifs végétaux.

Enfants de la forêt brésilienne, ou des Andes du Pérou, des parties chaudes du Mexique, et même des forêts de la Guyane, les Broméliacées sont dignes d'être employées à la grande décoration des serres, jardins d'hiver, rochers, vérandas, etc., etc. Pour se convaincre de leur magnifique aspect, quand elles sont traitées par de vrais amateurs, il suffit d'aller rendre visite aux serres de M. le D^r Le Bèle, le grand amateur du Mans, ou à celles de M. Liais, à Cherbourg, et aux serres de M. Deladevansaye (Fresnes, Maine-et-Loire). De son vivant, il fallait voir les collections du professeur Moren et encore maintenant celles du Jardin botanique de Liège et de celui de Leyde (Hollande), pour être convaincu du parti énorme, au point de vue décoratif, qu'on peut tirer de ces plantes, aux allures si bizarres et souvent si remarquablement brillantes.

Il faut cependant, pour employer ces plantes d'une façon judicieuse, en connaître non seulement la structure, mais le mode de floraison, chaque espèce devant, à notre avis, être disposée de façon aussi naturelle que possible, pour donner au visiteur l'illusion de la nature. Nous allons donc procéder à une sorte de classification, qui pourra servir d'indication succincte aux amateurs qui voudraient essayer de ce genre de décoration si pittoresque, et nous leur garantissons d'avance, en cas de réussite, un joli succès. Pour les rochers de grande allure, placés le long des murs ou ayant des formes ou des dimensions assez grandes, nous indiquerons : les grands *Billbergia*, les *Karatas*, certains ananas, les *Bromélia*, les *Pourretia*, certains *Pitcairnia*. Pour les petites poches des rochers, les branches d'arbres, les creux, les endroits bien en lumière, on se servira des *Vriesea*, des *Æchmea*, des *Tillandsia*, des *Caraguata*, de certains *Billbergia* à allures mignonnes. Enfin on réservera, pour les parties basses des branches ou troncs ou des roches, les *Nidularium*, certains *Caraguata*, certains *Vriesea* d'allure un peu forte, dont le beau feuillage gagnera à être vu de haut et dessus ; on réservera les très fins *Tillandsia*, certains petits *Vriesea* pour l'extrémité voisine des branches, et l'on pourra implanter aussi bien en dessus qu'en dessous les *Cryptanthus* variés ; leur aspect n'en sera que plus curieux et plus réel.

La préparation qu'on doit faire subir aux objets, destinés à recevoir des Broméliacées ainsi disposées est bien simple ; il suffit, si c'est du bois, que celui-ci ne soit pas décomposé, et laisse passer facilement les arrosages ; si ce sont des rochers, il faut que les poches soient bien drainées, qu'on y mette d'excellente terre ; si on fixe les plus fines à des branches d'arbres, le mieux c'est de le faire avec des fibres de polypode et de sphagnum, et on y ajouterai.

quelques brindilles de fougères ou de lycopode
que la plante n'en irait que mieux. On fixe le sujet
avec du fil de laiton fin ou tout autre moyen, et,
quand le rocher ou les troncs d'arbres sont ainsi
plantés, et qu'on a bien su tirer parti du mérite décoratif de chaque espèce, il n'y a plus qu'à appliquer
les soins généraux de propreté, de bassinage, de
chaleur, etc., tout comme on le ferait pour des plantes
cultivées en pots. Au bout de quelques mois, c'est
une végétation luxuriante qui se manifeste ; les
espèces vigoureuses prennent le dessus, et dressent
orgueilleusement leurs magnifiques feuilles ; d'autres
laissent pendre leurs splendides bractées rouges,
d'où se détache le plus intense de leurs fleurs, tandis
que plus loin l'épi énorme d'un *Caraguata* ou d'un
Billbergia se dresse fulgurant, que les bractées rouges
des *Vriesea*, semblables à autant de longues langues
d'animaux bizarres, semblent s'élancer vers le visiteur ébloui et émerveillé. Celui-ci, ne pouvant cacher
son émotion et sa surprise, s'écrie alors « qu'il
n'aurait *jamais cru* que les Broméliacées soient d'aussi
jolies plantes ». A quoi nous répondrons qu'il
s'agissait seulement de le lui prouver. Y sommes-
nous parvenu par ces lignes, et aurons-nous, comme
toujours, le regret de constater que la plupart des
serres-salons, jardins d'hiver, ornés de rochers ou
d'arbres rustiques, sont déplorablement garnis de
plantes banales, communes, toujours les mêmes,
tandis que le jardinier et le propriétaire ont dans les
Broméliacées une ressource étonnante, une diversité
de forme et d'aspect, dont rien ne peut donner une
idée ?... Faut-il leur apprendre qu'avec les *Chryptan-*
thus, si jolis d'aspect et de coloration, ils peuvent
faire des suspensions admirables, d'une solidité à

toute épreuve, que ces mêmes plantes bien fixées sur des branches d'arbres leur donneront une physionomie d'une bizarrerie peu commune?... Nous pensons que les courtes explications précédentes serviront à éclairer ceux qui ne connaissent pas l'importance de l'emploi des Broméliacées, comme plantes décoratives, et nous espérons bien les voir employées de plus en plus, et d'une manière judicieuse : leurs mérites et leurs qualités sont, à cet égard, absolument indiscutables.

____

CHAPITRE IV

DE LA FÉCONDATION DES BROMÉLIACÉES

La plupart des Broméliacées peuvent se reproduire par le semis ; nous disons la plupart parce qu'à vrai dire, malgré la grande habileté des semeurs, il y a certaines espèces dont jusqu'à présent, quelles que soient les tentatives faites, les expériences tentées, on n'a pu obtenir de graines fertiles. Il est évident que, chaque fois qu'un semeur cherche à féconder une plante qu'il ne connaît qu'imparfaitement, il court grand risque de ne pouvoir arriver à ce qu'il désire ; d'autre part, il y a aussi la question du milieu, celle de l'époque à laquelle se produit la floraison, etc. Avec les Broméliacées vient aussi, pour certaines espèces, s'ajouter une autre difficulté, due à la conformation des organes qui ne se prête que très difficilement à la fécondation opérée par la main de l'homme ; de ce nombre sont certains *Caraguata*, les *Tillandsia*, certains *Billbergia*. Il est malheureusement trop sûr que, malgré les tentatives cent fois répétées, on a jusqu'à présent échoué dans la fécondation de plusieurs espèces. Cela veut-il dire qu'on échouera toujours ? — Non ! — car il ne faut qu'une fois pour que tout d'un coup la chose réussisse, sous l'empire de telle ou telle condition qui, si elle a été observée par un semeur de profession, sera pour lui une révélation, et pour tous une excellente chose

Partant de ce principe, que beaucoup d'espèces peuvent être semées dans nos serres, de graines provenant de fécondations opérées en Europe, voyons comment on procédera.

La première des conditions pour réussir dans la fécondation d'une Broméliacée, c'est d'examiner tout d'abord l'état de la plante, et de s'assurer qu'elle est suffisamment vigoureuse pour supporter une inflorescence, susceptible d'amener les graines à complète maturité; on place la plante en bon endroit, bien éclairé, et sans que l'humidité de la serre soit trop grande; on surveille alors la floraison, qui s'effectue selon les espèces tantôt d'une façon très apparente (certains *Billbergia*, les *Vriesea*), tantôt très dissimulée (les *Nidularium*, les *Caraguata*). Il faut alors dégager les organes reproducteurs, et, si l'on veut opérer des croisements et des hybridations, il sera important de supprimer les étamines de la plante à féconder, avant que le pollen de celle-ci ne soit mis en liberté par l'ouverture de l'anthère. Il faut alors choisir un temps clair, ou tout au moins l'heure juste où le pistil est bien préparé à recevoir le pollen. Ce moment favorable est généralement indiqué par l'aspect légèrement visqueux du stigmate; armé d'un petit pinceau bien sec, on vient alors apporter sur celui-ci le pollen *parfaitement pulvérulent*, qu'on a recueilli sur les étamines de la fleur servant de porte-pollen. C'est en somme une opération qui demande de la dextérité et beaucoup de soin, et, pour certaines espèces, le secours d'une loupe assez forte qui aidera beaucoup dans l'examen de l'état des organes reproducteurs. Nous avons dit que certaines espèces étaient très difficiles à féconder, parce que leurs organes sexuels étaient cachés, ou

très profondément enfermés dans le tube formé par
la corolle; il importe donc que celui qui cherche à
féconder ces plantes, pratique une petite opération
chirurgicale, qui consiste à fendre longitudinalement
le tube de la corolle jusqu'à la base, mais sans
blesser l'ovaire. Il pourra aussi supprimer tout ou
partie de la corolle ou retourner celle-ci en rabat-
tant les pétales, faire en somme tout ce qui pourra
lui faciliter les approches de l'organe reproducteur;
généralement, la fécondation une fois opérée, l'ovaire
grossit assez rapidement, et, avec un peu d'habitude,
on peut voir, au bout de trois ou quatre jours, si elle
a eu lieu; mais cela ne veut pas dire qu'on aura des
graines fertiles, et il nous est arrivé maintes fois,
après avoir attendu des mois entiers, d'avoir un
ovaire grossi, et paraissant parfaitement conformé,
dans l'intérieur duquel nous n'avions que des
semences infertiles... Ne nous occupons pas des
exceptions et voyons la règle : en général il faut,
selon les espèces, de six à huit mois pour que les
graines de Broméliacées mûrissent; il est toujours
prudent, quand il s'agit d'espèces rares ou précieuses,
de les laisser assez longtemps, et d'attendre même
que la capsule s'entr'ouvre d'elle-même. On est ainsi
plus certain de la parfaite maturité des graines.

Quand on a opéré une fécondation, il faut avoir
bien soin de marquer la fleur fécondée, et d'en avoir
un numéro correspondant sur un petit registre :
car rien n'est plus ennuyeux que les horticulteurs
qui ne se rappellent jamais avec quelle plante ils
ont opéré. La même observation s'applique aux
amateurs ou à leurs jardiniers : il est évident qu'il y
a ainsi dans les cultures des plantes fort remarquables, dont on ne connaît les parents que très

imparfaitement, et tout cela grâce à la négligence coupable de l'opérateur. Quand plusieurs fleurs ont été fécondées sur la même plante, il peut arriver que les premières soient à l'époque de la maturité, en état d'être cueillies; il faut opérer avec soin. Cela n'a pas d'importance sur la plante à épis ou à inflorescences en forme de spatule, comme les *Vriesea*; mais pour les *Nidularium* ou les *Caraguata*, et en général les plantes ayant cet aspect, il faudra s'arranger pour enlever la capsule contenant les graines sans blesser les autres.

Nous avons vu que les graines de Broméliacées sont assez longues à mûrir; il conviendra donc au bout d'un assez long terme de les surveiller, et de se rendre compte de leur état. Certaines graines, comme celles des *Vriesea*, sont munies d'appendices de nature plumeuse qui en favorisent la dispersion, au cas où on laisserait s'entr'ouvrir la capsule qui les contient; il faut donc les cueillir mûres, mais juste au moment où la capsule s'entrouvre. Dans ce cas, les vieux jardiniers ne manquent jamais, et l'idée est excellente, de loger la capsule de graines dans la poche de leur gilet pendant cinq ou six jours; elle y achève de mûrir parfaitement, ce qui s'explique par ce fait qu'elle y trouve une chaleur douce pas trop sèche, en somme un milieu excellent... Les graines de consistance plus succulente doivent être mises dans une petite boîte, et exposées un peu au soleil dans la serre; on peut en général semer de suite les graines de Broméliacées, mais certaines conservent leur faculté germinative assez longtemps. Nous n'avons pas de données très précises; mais cependant, pour les *Vriesea* et les *Caraguata*, nous pouvons affirmer qu'elles lèvent encore au bout de trois années. Nous engageons cependant nos lecteurs à semer à peu près de suite, c'est-à-dire au bout d'un mois ou deux, surtout pour les graines succulentes ou visqueuses. D'ailleurs un bon semeur doit toujours faire plusieurs parts de ses graines, et semer plutôt en trois fois qu'en une : il est ainsi plus à même de juger du plus ou moins de qualité de sa récolte.

CHAPITRE V

DU SEMIS DES BROMÉLIACÉES.

En général, toutes les Broméliacées devront être considérées comme plantes de serre chaude, dès qu'il s'agira d'opérer leur reproduction par le semis; supposons donc que nous avons des graines parfaitement mûres à semer, et voyons comment nous allons opérer. Nous nous procurerons d'abord de petites terrines, ayant de 10 à 12 centimètres de diamètre, nous les emplirons un peu plus qu'à moitié de tessons très propres; sur ces tessons, nous mettrons un lit de terre de bruyère fibreuse, bien saine, ne sentant pas le moisi (comme il arrive souvent, parce que le semeur n'y fait pas attention). Cette terre étant égalisée en contre-bas dans la terrine d'environ 2 ou 3 centimètres, nous la trempons en plongeant celle-ci dans l'eau par le fond successivement jusqu'à complète imprégnation de la terre; nous laissons bien égoutter le tout de façon qu'elle soit bien traversée par l'eau, mais complètement ressuyée cependant; nous sèmerons, pas trop serrées nos graines, qui, selon leur nature légère et fine ou succulente, seront toujours disposées de telle sorte qu'elles se verront parfaitement et ne tomberont pas dans les petites cavités formées par les aspérités de la terre.

Nous recouvrirons notre terrine d'un verre ordinaire, coupé à la grandeur voulue, et dépassant un peu la largeur de celle-ci ; nous plantons une étiquette ou un plomb, portant un numéro rappelant la fécondation, et nous placerons nos terrines dans la serre chaude, où la chaleur pourra atteindre 18 à 20 degrés le jour, ou plus, cela n'a pas grande importance ; généralement l'endroit choisi pour placer nos terrines devra être bien en lumière, et assez près du verre, mais tout à fait à la portée de la main, et sous la surveillance immédiate de celui qui soigne la serre ; il s'agira, en effet, de surveiller la germination des graines, qui généralement se fait assez rapidement ; il faudra procéder souvent au nettoyage des verres et en enlever la buée, si celle-ci est trop abondante, ce qui se fait tout simplement en les secouant sur le sol. Tant que les graines ne seront pas assez développées pour que les premières petites racines les fassent adhérer à la terre, il sera prudent de procéder à leur arrosage en trempant tout simplement la terrine, comme nous l'avons indiqué, mais en se gardant bien de la submerger complètement. A travers les trous percés au fond des terrines l'eau arrivera à la terre et la trempera sans soulever les jeunes plantes ou les graines : c'est tout indiqué. Au bout d'un certain temps plus ou moins long, on aperçoit très bien les jeunes plantes, qui ont alors de un à deux millimètres, et qui semblent couchées sur la terre ; il faut alors les surveiller de très près et, selon que l'atmosphère de la serre sera sèche ou humide, faire bien attention de les protéger contre les insectes ; envahies, il devient très difficile de les soigner. On pourra, à l'aide d'une seringue fine, les bassiner de temps en temps, et l'on pourra alors placer une cale sous le verre, et commencer à leur

donner un peu d'air; au besoin même on peut enlever les verres la nuit.

Successivement les plantes prendront de la force.
Au bout de 2 à 3 mois, plus ou moins selon les
espèces, les jeunes semis peuvent être laissés tout à
fait à l'air libre, et surveillés de près pour la mouil-
lure. En examinant bien leur état on verra que leurs
racines sont plus nombreuses, plus fortes, que les
jeunes plantes ont un petit collet et qu'elles se
redressent; il est temps alors de préparer d'autres
terrines plus grandes, et de procéder au premier
repiquage.

Cette opération exige simplement des soins et de
la patience; c'est un ouvrage méticuleux, qui
demande à être fait par quelqu'un qui y mette toute
sa sollicitude et que le semeur, s'il tient à ses
plantes, ne doit jamais laisser faire par le premier
venu.

On prépare donc des terrines carrées ayant
20 centimètres de côté, et on en draine le fond avec
des tessons très propres; on les emplit de terre de
bruyère fibreuse, concassée assez grossièrement,
mais dont on aura néanmoins enlevé les plus grosses
racines, mottes, etc. On tasse légèrement la terre,
qu'on mouille par le procédé déjà indiqué. Ceci fait,
on sème sur cette terre, avec une passoire *ad hoc*, du
sable fin ou du grès en poudre, une très légère couche,
qui a pour but d'aider à bien voir son travail de
repiquage, et qui empêche, dans une certaine mesure, la mousse de croître sur la terre comme cela
arrive si souvent.

Ceci fait, on trace des lignes sur les terrines à
l'aide d'une petite règle qu'on appuie légèrement,
et l'on procède au repiquage des semis en opérant

de la façon suivante : il faut, avec une sorte de petite spatule très fine, soulever les petites plantes et les poser en faisant un très petit trou, et en les appuyant très légèrement chacune à leur place, sans les froisser ou les briser ; on les repique généralement à un centimètre l'une de l'autre. Quand la terrine est complètement remplie, on la pose bien à plat, et, à l'aide d'une seringue très fine, on bassine très légèrement et de très loin, de façon à ce que l'eau ne soit pas projetée avec assez de force pour déranger le travail du repiquage.

Pour les personnes qui redoutent le travail assez difficile, en somme, du repiquage de plantes si petites, nous dirons qu'on peut attendre que les semis aient atteint un peu plus de force ; mais c'est toujours au détriment de leur bonne venue : car plus on les repiquera jeunes, plus vite elles prendront de la force, et seront sauvées des insectes ou de la fonte, qu'on connaît dans les cultures sous le nom de toile, et qui n'est pas autre chose qu'une affection parasitaire due à un champignon, véritable peste qui dans un court espace de temps, brûle et détruit des terrines entières de semis.

Contre cette engeance il n'y a pas grand'chose à opposer, sinon le lavage à grande eau des semis quand il est possible, ou la fleur de soufre ; le mieux est donc de repiquer de bonne heure et si, au bout de quelques jours, on s'apercevait que les jeunes plantes en terrines sont attaquées, il ne faut pas hésiter à les arracher de nouveau, à prendre d'autres terrines, qu'on aura eu le soin de laver à grande eau, et à procéder à un nouveau repiquage. C'est d'ailleurs un principe reconnu en horticulture que plus une plante de semis est contre-plantée ou repiquée souvent, plus elle prend de force et plus elle croît rapidement. Il n'y a pas, en effet, à cet égard, d'hésitation possible, si on veut bien examiner que la terre d'une terrine peut se décomposer rapidement, se couvrir de conferves ou de mousse, qu'elle se lasse par les arrosages, qu'elle se dessèche par la grande lumière, etc., et que renouveler pour des jeunes plantes le milieu où elles se trouvent est ce qu'il y a de mieux. Cela demande de la part du semeur de l'attention, des soins, du travail, c'est vrai; mais aussi le succès est au bout, et rien ne peut lui être plus agréable que de voir croître rapidement ses jeunes semis qui, étant bien soignés, prospéreront rapidement, tandis que ceux de ses collègues qui resteront ensevelis sous la mousse ou sous la couche durcie des conferves, finiront par périr. Nous tenions à établir cette différence, parce que nous l'avons maintes fois constatée.

CHAPITRE VI

SOINS A DONNER AUX JEUNES PLANTES DE SEMIS.

Si nous admettons que nous nous trouvons en présence de semis de Broméliacées déjà repiqués trois fois, et ayant pris la physionomie de petites plantes ayant 1 centimètre ou plus de hauteur, voici ce qu'il faudra faire : On préparera dans la serre un emplacement un peu surélevé, qui rapprochera sensiblement les terrines du vitrage, et sur ce plancher on pourra mettre, soit du sable de rivière, soit du frasier, puis on y placera les terrines, mais de façon à ce qu'on puisse, avec la seringue, en bassiner le dessous, afin d'éviter l'aridité, si préjudiciable aux jeunes plantes ; cette aridité est si funeste qu'il ne faut jamais manquer de mouiller, non seulement les tables, mais les sentiers et le dessous des tuyaux.

Généralement, au bout de quelques mois, les jeunes plantes ont pris figure et sont d'une certaine force ; si elles ont été souvent repiquées, elles ont ce qu'on appelle du collet, et selon qu'on a affaire à des espèces plus ou moins vigoureuses, on peut juger des caractères principaux de leur feuillage.

On ne doit pas les laisser ainsi. Il faut encore les repiquer de nouveau, et toujours dans des terrines ou des pots qu'on aura fortement drainés ; il ne faut pas négliger de les examiner à la loupe, car si l'on s'aperçoit que, malgré les soins qu'on leur a donnés, les plants ont été envahis par les insectes, il sera prudent d'agir comme suit :

Il faut préparer, dans une terrine, une décoction de savon de Marseille, un peu épaisse, qu'on aura, auparavant, amalgamée avec de la fleur de soufre, et, prenant les petits plants par pincées de 10 ou 12, ou plus, on les trempera délicatement dans cette solution, on les posera ensuite à plat, pour les laisser égoutter un peu, et l'on procédera au repiquage comme les premières fois, dans des terrines qu'on replacera, soit sur le plancher se rapprochant du vitrage de la serre, soit sur des tablettes *ad hoc*.

Il est évident que les jeunes plantes ne peuvent rester ainsi repiquées en terrines qu'un certain laps de temps, assez difficile à fixer d'une façon mathématique ; mais, en règle générale, on peut les laisser jusqu'à ce qu'elles aient atteint la hauteur de 2 à 3 centimètres et aient pris l'aspect de plantes ayant déjà leurs caractères bien indiqués. Lorsqu'on verra ces plantes ainsi disposées, et suffisamment corsées, on préparera dans la serre même, ou, si l'on dispose d'un petit espace, dans un coin de serre chaude, un endroit bien propre et bien en lumière ; on fera, avec quelques tuiles et des tringlettes de fer, un petit plancher, qui laissera passer l'eau des arrosages très facilement ; on y posera de la terre de bruyère, bien fibreuse, concassée assez grossièrement, qu'on additionnera d'un peu de sable bien maigre et à grains assez gros. On aura eu le soin de mettre sur les tuiles mêmes une petite couche d'un centimètre de frasier de coke bien propre, on égalisera la terre qu'on tassera très légèrement, et à laquelle on donnera une épaisseur d'environ 6 à 8 centimètres. On y tracera

des rangs, et on y repiquera les jeunes plantes à
distance suffisante pour que celles-ci puissent rester
plantées cinq ou six mois, ou plus, sans se gêner;
on bassinera légèrement et on n'aura plus qu'à surveiller les insectes, la température de la serre, et à
donner à ces jeunes plantes tous les soins qu'on doit
donner à des plantes dont on attend le développement. Ce procédé de culture est excellent, et de
beaucoup supérieur à notre avis au procédé qui
consiste à repiquer chaque jeune plante dans un
godet : il demande un matériel moins encombrant, et
exige beaucoup moins d'attention; car il est évident que des jeunes plantes, piquées au milieu d'un
petit godet, trouveront beaucoup plus facilement
des causes d'arrêt dans leur végétation (soit séche-
resse, soit excès d'humidité, soit décomposition de
la terre), ces accidents étant beaucoup plus à redouter. D'ailleurs, la culture des Broméliacées en
pleine terre a donné des résultats incontestables, et
nous-même en sommes si satisfaits que nous n'hé-
sitons pas à la recommander vivement; mais là ne
doivent pas s'arrêter les opérations de culture. On
peut dire qu'en moyenne une Broméliacée de semis
demande de 3 à 5 ans pour avoir atteint son développement normal, et l'époque de sa floraison. Si
nous supposons que le premier repiquage en pleine
terre a eu lieu 8 ou 10 mois après le semis, il faudra,
chaque fois que les jeunes plantes auront pris de
la force, préparer à nouveau un autre plancher et
contre-planter les plus fortes à une certaine distance,
puis les moyennes, et terminer par les petites. Chaque
fois qu'on fait une opération de ce genre, si l'on
s'aperçoit que les plantes ont des insectes, on les
trempera dans le savon soufré, on les laissera

égoutter et on les plantera après. Chaque fois on les bassinera légèrement : car il faut absolument observer que les jeunes Broméliacées doivent recevoir l'eau des bassinages dans le cœur, du moment que celle-ci est de l'eau propre *non calcaire*. Certains horticulteurs s'ingénient à rejeter souvent l'eau qui est dans le cœur des Broméliacées : c'est là une faute, car il arrive qu'une plante dont le cœur est sec, peut s'atrophier, et même rester sans végétation ou fournir une série de feuilles qui se serrent en tube étranglé, d'un aspect lamentable. Cela est si vrai qu'il suffit de mettre de l'eau dans le cœur de la plante pour voir, au bout de quelques jours, les feuilles se détendre, s'étaler, et reprendre leur situation normale. Ceci dit, on continuera donc de laisser les plantes en pleine terre, jusqu'au moment où elles ont acquis à peu près la moitié de leur taille. Arrivées à cet état, les plantes peuvent être mises en pots. Pour cette opération, on choisit des godets de tailles différentes, selon la grosseur des plantes, de 7 à 8 et jusqu'à 10 centimètres de diamètre; on les draine bien et on y met d'excellente terre de bruyère, bien perméable à l'eau. Cependant, nous devons, à ce propos, dire vrai. En général, plus une Broméliacée sera de nature très épiphyte (par exemple les *Tillandsia*, certains *Vriesea* ou *Caraguata*), on pourra additionner la terre fibreuse de petits tessons, et même de sphagnum vivant, toutefois sans enfermer celui-ci dans la terre, et en se contentant de le placer par gros fragments sur le dessus des godets. Nous avons un peu essayé de tous les composts et, en réalité, c'est encore la terre bien fibreuse, bien perméable, et non sujette à se décomposer, qui est la meilleure. En principe, le mieux est de rempoter ces plantes, selon l'état de leurs racines. Si elles en ont beaucoup, soyez généreux pour la grandeur des godets; si elles en ont peu, mettez-les dans des vases plus petits. Quant aux espèces très vigoureuses : les *Billbergia*, les *Ananassa* les *Nidularium*, etc., ces plantes ont des racines plus charnues, qui aiment à trouver une nourriture abondante, mais redoutent énormément l'humidité. On se trouvera bien de les rempoter dans d'excellente terre d'humus, et j'ai vu certaines espèces se trouver très bien d'un drainage fait avec la mousse verte des bois.

Toutes les jeunes plantes bien rempotées, selon leur force ou leur nature, il conviendra de les ranger, en bonne place, soit sur les tables de la serre, soit sur un gradin, soit enfin sur les tablettes. Il est évident que cette dernière situation leur sera de toutes celles que nous avons énumérées la moins favorable, parce qu'elles y auront trop chaud, que la lumière y sera trop vive, comme aussi l'air trop sec; il faudra donc surveiller l'arrosage des plantes, les bassiner de temps à autre sans excès. Cependant, comme pour les jeunes plantes, les insectes devront être surveillés, et il sera toujours bon de vaporiser de la nicotine, au moins une fois par semaine. Le cultivateur soigneux veillera aux racines de ses Broméliacées, et quand il s'apercevra qu'une variété ou espèce vigoureuse aura besoin d'être rempotée, il n'hésitera jamais à le faire; il surveillera le soleil qui ne doit jamais être trop ardent, mais il répartira la lumière chaque fois qu'il le faudra. Quand il verra une plante s'apprêter à fleurir, il l'enlèvera de la place qu'elle occupe, pour l'isoler sur un pot, afin de lui faire éviter l'humidité trop forte dans le cœur.

Voilà en résumé la culture à appliquer aux jeunes plantes, depuis l'heure des premiers repiquages jusqu'aux jours heureux où le semeur voit apparaître sous forme d'inflorescence le résultat de ses croisements.

CHAPITRE VII

MULTIPLICATION PAR ŒILLETONS,
DRAGEONS, COURONNES, ETC.

Les Broméliacées ne se multiplient pas seulement par le semis, nous devrons répéter ce que nous avons dit : certaines espèces ne peuvent pas être reproduites en Europe de graines; du moins les tentatives faites dans le but d'en obtenir ont échoué. Il faut donc recourir au procédé qui consiste à attendre que la plante émette des bourgeons à sa base, et que ceux-ci soient en état de servir à la reproduction de l'espèce. En règle générale, on doit procéder ainsi pour ce genre de multiplication : Lorsque la plante aura fleuri, selon qu'on voudra jouir plus ou moins longtemps de la floraison ou de la beauté des bractées, on la maintiendra en végétation, en la plaçant dans de bonnes conditions; mais lorsqu'on en aura joui, et qu'on voudra voir les bourgeons se développer normalement, on supprimera l'inflorescence; on coupera celle-ci un peu au-dessus du cœur de la plante, puis on placera l'exemplaire, soit sur un gradin, soit dans un endroit de la serre où elle ne gênera pas, et on attendra l'apparition des pousses : celles-ci apparaissent d'abord en nombre plus ou moins grand, à la base même de la plante, se mettent à végéter rapidement, et atteignent quelques centimètres de longueur. Il faut attendre que les *œilletons* (c'est ainsi qu'on les nomme) aient pris une force très grande à la base, et soient au moins au tiers de leur grandeur définitive ou à peu près, pour les détacher de la plante mère. Nous avons remarqué qu'il est mauvais d'enlever des œilletons trop jeunes. Ceux-ci reprennent d'ailleurs plus difficilement ; ils ont de ce fait une longue période de fatigue à supporter. Cette fatigue détermine souvent la jeune plante à fleurir beaucoup trop tôt. Certaines espèces, du reste, ont la facilité d'émettre des œilletons qui prennent de suite une allure très vigoureuse. Lorsqu'ils sont bien constitués, on se trouvera bien d'opérer à leur base, dans la partie ferme, une incision légère, à l'aide d'un bon greffoir, on entourera cette partie d'un bon bourrelet de sphagnum, qu'on maintiendra avec un petit fil de laiton. Sous l'influence de l'humidité, la section émettra des racines adventives, qui, à un moment donné, se feront jour à travers le sphagnum. C'est alors le moment d'opérer la section complète de l'œilleton ; pour d'autres espèces, il suffira d'attendre que la base de la plante à séparer soit suffisamment solide : on en opérera le sectionnement d'un coup sec, et par une coupure bien nette ; si l'œilleton séparé a des racines adventives, ce qui peut arriver même sans l'avoir enveloppé de sphagnum, on le laissera pendant 8 à 10 jours ou plus à ressuyer, puis on le rempotera comme on le ferait pour une autre plante provenant de semis. Mais si on a opéré la section sans qu'il y ait de racine à la base de l'œilleton, il faudra alors poser celui-ci, sitôt après l'avoir détaché, dans un endroit de la serre à l'abri de l'humidité, soit sur des tessons, soit sur du charbon, soit dans un godet sans terre. La plaie se cicatrisera et au bout de quelque temps, 10, 15 jours, au plus, selon qu'on aura le temps, on pourra mettre la plante provenant de la section dans un godet qu'on choisira assez petit d'abord. S'il s'agit d'une espèce rare, on mettra de préférence dans le godet du sphagnum ou de la mousse, et on drainera bien. Si la section offrait quelques traces de décomposition ou qu'elle soit trop tendre, il faudrait la saupoudrer de charbon de bois pulvérisé ou même rempoter la plante dans des fragments de charbon de bois et du sphagnum haché, et la tenir plutôt sèche. Il arrivera qu'au bout d'un certain temps la chaleur et l'humidité feront apparaître les racines. Quand celles-ci seront bien développées, on donnera un second rempotage, et successivement d'autres, selon les besoins de la plante.

Tout ce que nous venons de dire concernant la multiplication des Broméliacées par section des œilletons, s'applique à la plus grande partie des espèces connues dans le commerce; mais il est évident que pour les espèces communes et rustiques, telles que certains *Æchmea*, les *Billbergia*, certains *Vriesea* et les Ananas dont nous parlerons au chapitre spécial qui leur sera consacré (voy. *Ananas*), on pourra procéder bien plus simplement : il suffira d'attendre que les œilletons aient pris de la force ; on les sectionnera comme nous l'avons indiqué, on les laissera se ressuyer quelques jours, puis on les plongera simplement en pleine terre dans un endroit *ad hoc*, comme les jeunes plantes de semis. Quand on verra que la végétation semblera reprendre vigoureusement, on les prendra pour les rempoter. Il y a là une sorte de jaugeage économique facile à exécuter, qui donne des résultats excellents. Nous terminerons en disant : en principe, et pour nous faire de la place, nous n'hési-

tons pas à couper le bout des feuilles des plantes
mères, quand nous les mettons de côté pour qu'elles
fournissent les multiplications ; cela n'a pas d'autre
inconvénient que de les rendre peu agréables à
l'œil ; mais les plantes ainsi diminuées de volume nous
tiennent moins de place, et donnent tout autant de
rejetons. Faut-il dire qu'en moyenne chaque espèce
de Broméliacée peut donner de 3 à 5 jeunes ou plus,
mais qu'une fois la récolte faite, à moins d'avoir affaire à une nouveauté ou à une rareté (à laquelle on est
en droit de demander tout ce qu'elle pourra donner),
il vaut mieux jeter les vieux pieds que de les garder
indéfiniment : car alors on n'aurait plus que de très
petits œilletons à leur enlever, et on ne pourrait que
très difficilement en obtenir des plantes capables de
devenir propres au but qu'on se propose.

CHAPITRE VIII

CULTURE GÉNÉRALE DES BROMÉLIACÉES

Lorsqu'il s'agit de cultiver des plantes de la nature des Broméliacées ou des Orchidées, il est nécessaire, avant de traiter à fond la question, de bien établir les différences qui peuvent exister entre plantes venant des divers pays d'origine. Il est donc utile de redire ici ce que nous avons déjà dit : les Broméliacées sont épiphytes à divers degrés, certaines peuvent être considérées comme des plantes de serre chaude, tandis que d'autres se contenteront de la serre tempérée, et même de la serre froide. On connaît à quels différents degrés de température il faut maintenir ces trois catégories de serres; quant aux plantes qui doivent y être cultivées, lorsque nous arriverons à leur description, nous aurons le soin d'indiquer, autant que faire se pourra, le degré de chaleur qu'elles exigent ou la serre dans laquelle on devra les cultiver. Il s'agit en ce moment de tracer les grandes lignes concernant l'aménagement des serres à Broméliacées.

On a vu dans le chapitre précédent, concernant le semis et la multiplication par œilletons, que généralement ces opérations se font en serre chaude humide; nous allons voir comment on pourrait comprendre une serre où il s'agirait de cultiver les Broméliacées soit pour la collection, soit pour le commerce.

S'il s'agit de plantes un peu fortes, comme en comportent généralement les collections, nous prendrons comme dimensions les suivantes : largeur de la serre environ 5 m. 50 à 6 mètres de hauteur, dans les sentiers 1 m. 90 à 2 mètres, de chaque côté une table de 1 mètre de largeur, au milieu une table ou gradin de 1 m. 90 à 2 mètres de largeur : ce qui laisse les deux sentiers à 80 centimètres de largeur, ce qui est bien suffisant. Dans une serre ainsi comprise, bien ventilée par le bas et par le sommet, couverte de bonnes claies ou de toiles, et avec un bon chauffage, qui maintiendra la température sans surchauffer, on pourra cultiver toutes les Broméliacées qu'on désirera, mais il est évident qu'en admettant que la serre soit assez longue, on pourrait la diviser en deux parties : dans la première, on établirait une table au milieu, de façon à loger à l'aise les grandes plantes ; et dans l'autre, on placerait un gradin sur lequel une plante moyenne trouverait place. Les tables de côté serviraient aux plantes de moyenne allure, tandis que, suspendues aux vitres, les espèces épiphytes seront cultivées soit sur bûches, soit en paniers.

Pour des cultures marchandes comportant des espèces moins grandes, le genre de serre employé à Versailles est excellent. Ce sont des serres ayant un sentier dans le milieu, d'environ 75 à 80 centimètres de largeur, et deux tables sur les côtés de 1 mètre à 1 m. 10 de largeur. La ventilation se fait comme dans les grandes serres, le chauffage se règle selon les besoins. En résumé, les principes qui doivent régir la construction et l'aménagement des serres de Broméliacées sont exactement les mêmes que ceux qui concernent les serres à Orchidées. Nous avons observé maintes fois que beaucoup de Broméliacées purement épiphytes se comportent exactement comme leurs compagnes des forêts tropicales : il faut donc répartir l'humidité de l'air d'une façon raisonnée, et il faut surtout éviter les coups de chaleur très pernicieux et très propres à favoriser le développement des insectes, qui sont une des causes les plus constantes de la mauvaise santé des Broméliacées. Nous verrons plus loin à entrer dans les détails concernant la culture proprement dite ; celle-ci devient un peu difficile, s'il s'agit de cultiver réellement des Broméliacées pour en faire des exemplaires dignes de figurer dans une exposition. Il est évident qu'il faudra pratiquer la culture d'une façon toute spéciale, comme nous allons le voir tout à l'heure.

Dans une serre chaude (ayant deux tables de chaque côté ou une table au milieu) on prépare les tables en les nettoyant bien à fond, on y répand une couche de bon sable de rivière assez gros et bien propre, à son défaut des escarbilles ou du petit mâchefer. Sur ces tables on pose les plantes à cultiver, soit sur des tringles de bois isolées faisant office de faux plancher, soit sur des pots renversés ou des supports. On a le soin de placer les exemplaires de façon à bien calculer leur grandeur, de manière à ce que les plus faibles soient dans la partie basse et que les plus forts soient dans la partie où il y a le plus d'espace. Chaque plante doit être soigneusement lavée à l'éponge et débarrassée de ses insectes (voir chap. *Insectes*). Il ne restera plus qu'à en surveiller la végétation et l'état, et à changer de temps à autre l'eau qui se trouvera amassée dans le cœur. Quand le temps est beau, c'est-à-dire de mars à fin août, les Broméliacées aimeront à être ombrées pendant les heures chaudes de la journée, et craindront la chaleur rayonnante du verre. Elles aimeront à être bassinées finement, mais jamais sur leurs feuilles avant le soir.

C'est un principe mauvais de bassiner en pleine chaleur; il faut pratiquer cette opération, soit le soir vers les 5 ou 6 heures, soit le matin vers 9 heures. On jettera de l'eau dans les sentiers, on en jettera aussi entre les pots ou les supports des pots. Si l'on a devant soi des plantes déjà fortes, et capables de faire des exemplaires, il faudra procéder à leur rempotage chaque fois qu'on se rendra compte que les racines tapissent le pot, et que la végétation paraît se ralentir. On peut en moyenne rempoter une Broméliacée qui va bien jusqu'à trois fois dans une année. Les meilleurs rempotages seront ceux qu'on fera quand le temps est « à la sève », c'est-à-dire en février-mars, ou juin-juillet. L'hiver, il ne faudrait peut-être pas, à moins de nécessité absolue, toucher trop aux Broméliacées, pour les rempotages; chaque fois qu'on procédera à cette opération, on dégagera les racines de la terre décomposée, sans briser celles-ci, on préparera un vase de grandeur suffisante, bien drainé, et on y mettra du nouveau compost, qu'on tassera fort peu; on y plongera l'ancienne motte, et on surfacera le tout au pouce sans presser trop, en formant toujours au-dessus de la motte une surface un peu en monticule. Certaines espèces atteignent, ainsi bien soignées, des proportions très belles. Il est évident qu'il faut que le cultivateur cherche un peu dans la serre même le milieu qui plaira à telle ou telle espèce, et que certaines préfèrent un peu plus de lumière, tandis que d'autres semblent la redouter beaucoup. C'est un peu une question d'étude, et rien de très précis ne peut être formulé à cet égard. Cependant on peut avancer, en principe, que les espèces en feuillage très orné sont plus susceptibles et demandent plus d'ombre.

Quand on veut donner aux Broméliacées une force de végétation plus grande et une coloration plus intense, on peut employer certains engrais ; celui qui, jusqu'à présent, a semblé le plus pratique et le moins dangereux à employer, est celui trouvé par le Dr Jeannel, et qui est connu sous ce nom. Les cultivateurs des environs de Paris, et nous-même, l'employons depuis de longues années, et toujours avec succès.

Aux jeunes plantes il donne de l'activité et un beau vert ; employé à plus forte dose sur les plantes faites, il donne à celles-ci une grande vigueur, et permet de les cultiver sans les rempoter aussi souvent. Il ne faut pas cependant oublier qu'il sera toujours prudent de modérer et de bien calculer l'emploi des engrais : car leur abus amène chez les Broméliacées un excès de végétation foliacée, au grand détriment de la beauté des bractées, et il n'est pas rare de voir des exemplaires, traités avec un excès d'engrais, qui deviennent des plantes d'un vert intense, mais dépourvues d'intérêt au point de vue des fleurs ou des bractées.

Quand on s'aperçoit qu'un exemplaire de Broméliacée va se mettre à fleur, il faut le surveiller de plus près, et il sera prudent de le placer en bonne situation, pour que son inflorescence sorte bien normalement. Il faudra, quand celle-ci sera tout à fait développée, mettre la plante bien en lumière, de façon à ce que ses bractées se colorent bien toutes. On tournera la plante pour que la lumière en colore toutes les faces régulièrement. Cela a une importance capitale, car les Broméliacées voient leurs belles bractées se colorer plus ou moins selon qu'on les place dans un milieu plus ou moins favorable; on évitera aussi de bassiner ou de mouiller celles-ci. Si les fleurs s'épanouissent et qu'on ne veuille pas les féconder, on les supprimera délicatement au fur et à mesure, pour qu'en se flétrissant et en se décomposant elles ne tachent pas les bractées; tous ces détails sont utiles et ne doivent pas passer inaperçus. Dans la belle saison, on pourra, si l'on tient à avoir les divers types de collection en fleur en même temps, retarder certaines espèces, et en avancer d'autres.

Il suffira de placer les plantes qui avancent trop dans un bureau, ou une serre un peu aérée et bien ombrée, dont l'atmosphère sera, non pas sèche, mais un peu humide, et de forcer un peu le feu. Si l'on a bien suivi les explications précédentes, nous ne doutons pas qu'on n'obtienne un bon résultat : car les Broméliacées, sauf quelques rares exceptions, ne sont pas des plantes d'une culture difficile, loin de là.

Notre chapitre sur la culture en général ne serait pas complet, si nous ne disions quelques mots d'un procédé employé autrefois, et utilisé encore maintenant par les horticulteurs ou les jardiniers qui ne disposent pas de beaucoup de place. Nous voulons parler de la culture sous châssis; elle ne peut être appliquée qu'à des plantes de force moyenne, et non à des exemplaires d'exposition; mais elle est excellente en ce sens qu'elle permet d'utiliser un matériel peu coûteux et de maniement facile. Aussi ne voyons-nous aucun inconvénient à encourager cette culture, dont nous allons même indiquer les points principaux.

Il peut arriver que des amateurs ou des horticulteurs verront leurs serres encombrées au printemps par des plantes qui voudront avoir leurs aises.

Les Broméliacées mal soignées, serrées, étouffées, seraient certainement mieux, si on pouvait les soustraire à ces mauvaises conditions. Pour cela, il suffit de disposer de quelques châssis de couche, qu'on aura le soin de placer sur des coffres un peu creux (environ 60 à 75 centimètres de profondeur).

On fera une petite couche de fumier et de feuilles mélangées, de façon à n'avoir qu'une chaleur douce, mais prolongée. Sur cette couche, quand elle ne marquera plus que 22 à 25° de chaleur de fond, on mettra soit une charge de terre de bruyère, soit du terreau bien propre, soit de la vieille tannée. Après avoir rempoté ses Broméliacées, et les avoir bien nettoyées, on les plonge dans cette couche, en enterrant les pots, ou, si c'est en pleine terre, on les plante dans la terre de bruyère. On bassine avec de l'eau propre, on ombre soit avec des claies, soit avec du blanc ou des toiles, et il n'y a plus qu'à procéder à l'aération raisonnée et à des arrosages judicieux. Dans ces conditions, les Broméliacées prospèrent admirablement. Certaines espèces, même, font merveille, et si l'on a le soin de remanier un peu les réchauds de la couche, et d'arracher les sujets quand arrivent les premières nuits froides, on est tout étonné de relever des plantes d'aspect corsé, vigoureuses, saines et parfaites, d'un aspect souvent plus robuste que celui de celles cultivées en serre. C'était du reste la culture pratiquée dans les établissements des environs de Paris, il y a plus de vingt-cinq ans, culture encore employée pour les espèces rustiques, les *Billbergia*, les *Nidularium*, certains *Aechmea*, et donnant, ainsi que nous le disons, des résultats excellents.

Notre chapitre ne nous paraîtrait pas terminé si nous ne parlions pas de la terre à employer pour les Broméliacées à grande végétation. Quoique nous retrouvions l'occasion d'en parler, disons de suite, pour les amateurs et leurs jardiniers, qu'en général ils emploient de très mauvaises terres, que celles-ci sont ou croupies, ou décomposées par un séjour prolongé en tas compacts dans des hangars, au nord ou dans des endroits où les garçons sont sujets à jeter toutes sortes d'ingrédients... Il importe donc de bien spécifier que les terres de bruyère ou d'humus (terreau de feuilles naturel) devront toujours être disposées dehors, en tas peu compacts, aérés, et à l'abri des causes de décomposition; que les terres, quand on les emploiera, devront être concassées grossièrement, qu'elles devront être saines, ne sentir ni le moisi ni le champignon, qu'elles devront être de nature légère, fibreuse, et contenir encore des végétaux à demi décomposés. On ne devra jamais employer de terres tourbeuses, noires, comme on en emploie trop souvent : ce qui est souvent la cause réelle d'insuccès qu'on attribue à tort à tout autre chose.

CHAPITRE IX

MALADIES ET INSECTES

Les Broméliacées ne sont pas à l'abri de certaines maladies dues à des causes qui ne sont pas toujours très connues. Pour notre part, nous n'avons pas remarqué qu'il existât de véritables maladies des Broméliacées, dans l'acception propre du mot. Peut-on nommer ainsi les taches qui maculent les feuilles de certaines espèces réputées délicates, ou les altérations qui se caractérisent par la décomposition lente qui tache l'extrémité des feuilles dans certains *Vriesea*, et qui obligent le cultivateur à retrancher les parties attaquées, au grand détriment de la beauté des exemplaires? Ces accidents paraissent dus à la mauvaise saison, et surtout au mauvais état des racines. La stagnation de l'eau autour des racines paraît en être la cause principale. Peut-être aussi certains champignons trouvent-ils, dans un milieu mal aéré et trop saturé d'humidité, un élément trop facile de développement. Nous ne voyons rien de mieux pour combattre ce genre de maladie que l'emploi du soufre, — qu'on projette sur les parties contaminées, — ou le lavage à l'eau très légèrement additionnée de sulfate de cuivre, — environ 1 gramme par litre d'eau. L'ablation complète de l'extrémité des feuilles tachées s'impose, mais elle a l'inconvénient d'en modifier l'aspect, et c'est fort ennuyeux, parfois.

Ce que nous appelons la *rouille* est une affection caractérisée par des sortes de taches auréolées, qui altèrent le feuillage, d'une façon très désagréable, et qu'on ne peut enlever. La cause de cette affection doit être l'excès d'humidité, le mauvais état des racines et leur pourriture complète, qui en est la conséquence. A cette maladie il n'y a pas d'autre remède que de jeter les plantes trop atteintes, si ce ne sont pas des variétés précieuses, et de traiter celles qui restent par le dépotage et le changement de terre. Il arrive aussi parfois que certains *Vriesea* perdent leurs racines, et prennent une teinte blonde désagréable. La cause est toujours l'excès d'humidité et le mauvais état de la motte. Il faut donc les sortir du pot, les secouer et les laisser ainsi pendant 15 ou 20 jours. Quand on aperçoit les nouvelles racines, on peut les mettre à nouveau dans un très petit pot, et suivre le développement successif de la nouvelle végétation, mais en ménageant les arrosages.

En somme, nous ne connaissons pas d'autres maladies proprement dites attaquant les Broméliacées, et nous allons parler maintenant des insectes, qui sont bien plus redoutables, à notre avis. Nous devons à M. Heim la plupart des détails concernant la détermination et la description de ces Insectes,

Ces insectes sont de natures différentes, et plus ou moins difficiles à combattre.

Cependant, nous devons dire que dans les serres à Broméliacées, avec une atmosphère saine et suffisamment saturée d'humidité, on ne constate que très peu d'insectes. Le plus redoutable aux Broméliacées est une sorte de cochenille plate, blanche, qui se fixe en dessous des feuilles et y laisse,

quand on l'enlève à temps, une petite tache d'un
très vilain effet. Les Ananas sont fréquemment attaqués par ce fléau. Ce *pou* ou *punaise* de l'Ananas,
comme l'appellent couramment les jardiniers, est le
Chermes Bromeliæ Bouché. Le mâle a une coque un
peu elliptique, légèrement bombée, blanche; la
femelle une coque arrondie et lenticulaire; débarrassée de sa coque, elle est d'un jaune pâle. Le mâle
est d'un brun clair, saupoudré de blanchâtre, à ailes
blanches, proportionnellement assez larges, à ab-
domen pourvu à son extrémité de filets courts. Cet
insecte vit par petits groupes, plus ou moins nombreux, qui se tiennent d'abord à la base des feuilles,
et s'étendent ensuite jusque sur la tige. On est souvent obligé de sacrifier les Ananas attaqués, pour
éviter la contagion. Il est impossible d'atteindre les
cochenilles avec la brosse, lorsqu'elles se sont ins-
tallées à la gaine des feuilles.

Dans certaines serres, on en débarrasse les Ananas avec le lait de chaux.

Cette cochenille ne vit pas seulement sur l'Ananas,
mais aussi sur plusieurs autres Broméliacées. Cette
cochenille s'attaque principalement aux *Nidularium*,
à certains *Billbergia* et aux *Æchmea*. Elle a été certainement introduite avec les plantes importées.

Le meilleur moyen pour s'en débarrasser est de
vaporiser souvent de la nicotine, de laver les plantes
avec de l'eau de savon de Marseille, et de les rincer
ensuite à l'eau propre.

Une autre cochenille est beaucoup plus petite,
mais plus tenace que celle que nous venons de
signaler. Elle est de forme allongée, se fixe aussi
d'une façon particulièrement tenace sur les deux
faces des feuilles des *Vriesea* et des *Caraguata*. Dans

la plupart des cas, il doit s'agir du kermès des serres : *Chermes hibernacularum* Boisduval, espèce très commune, ovale, régulière, très lisse, d'un brun assez clair, à échancrure ovale très prononcée. Le mâle est inconnu, mais l'accouplement doit se produire à la fin de l'été ou en automne, car si on soulève la coque de cette cochenille en hiver, on ne trouve plus qu'une grande quantité de petits œufs blancs, enveloppés dans un nid de coton. Ce parasite se multiplie très vite, et pourrait bien avoir deux générations par an. Ce fléau des serres s'accommode à une foule de plantes, d'où il passe sur les Broméliacées. Le même traitement que ci-dessus doit être employé ; mais si on a laissé cet insecte se multiplier à l'excès, on s'en débarrasse très difficilement, et les plantes risquent d'être tachées pour longtemps.

Il va sans dire qu'indépendamment de ces quelques affections, certaines espèces de Broméliacées se trouvent très bien envahies, dans les serres mal tenues, par les *Thrips* et l'araignée rouge.

Aucun insecte habitant les serres ne dédaigne les Broméliacées, mais cependant ceux que nous avons cités sont les principaux.

C'est particulièrement dans les serres mal tenues, mal ventilées, et d'un cultivateur négligent, que tous les insectes attaquent celles-ci ; les Broméliacées n'ont pas, à cet égard, de défenseurs plus sûrs que leurs cultivateurs qui peuvent, par leurs soins assidus, les défendre contre les insectes, quels qu'ils soient. Ceux-ci ne se développent à l'excès qu'autant qu'on leur en laisse le loisir.

Il suffit donc de savoir regarder les plantes, et d'agir aussitôt qu'on verra qu'il y a la moindre trace d'insectes. Outre les lavages, il faudra vaporiser souvent de la nicotine, et on se trouvera toujours bien de bassiner les plantes légèrement avec les pulvérisateurs. Cela a d'autant plus d'importance que, chez certains genres, l'inflorescence se forme dans le cœur, et est atteinte assez difficilement par les pulvérisations.

Les *Billbergia* sont aussi fort sujets à voir leurs belles bractées abimées par des pucerons qui les recherchent, à cause de la sécrétion sucrée qu'ils émettent avant de s'épanouir. Nous pensons avoir tenu les cultivateurs en garde contre la plupart des ennemis des Broméliacées; à eux de faire le reste, par leurs soins incessants, et par leur attention qui ne doit jamais être en défaut.

Nous ne nous occuperons ici que des genres de Broméliacées qui présentent un réel intérêt horticole.

Ces genres sont groupés par les botanistes en séries à savoir :

Série des Broméliées.

Billbergia, Ortgiesia, Aechmea, avec ses sections : *Canistrum, Chevaliera, Echinostachys, Hohenbergia, Hoplophytum, Macrochordium, Bromelia, Rhodostachys, Ananas, Acanthostachys, Karatas, Nidularium, Distiacanthus, Cryptanthus, Disteganthus, Portea*.

Série des Tillandsiées.

Tillandsia, Vriesea, Caraguata, Guzemania.

Série des Pitcairniées.

Pitcairnia, Pepinia, Puya, Encholirion, Dyckia, Bakeria.

CHAPITRE X

LES ANANAS

Les *Ananas* T. (*Ananassa* Lindl.) sont des Bromé-
liacées-Billbergiées herbacées, vivaces.

Leur tige est courte, plus ou moins abondamment
foliacée, à feuilles allongées, dont les bords sont
découpés en piquants.

L'inflorescence très contractée, ovoïde, surmontée
d'un bouquet de grandes feuilles vertes, ou de
bractées colorées et plus courtes, est formée de fleurs,
puis de fruits charnus, insérés en spirale sur l'axe
d'inflorescence. Le réceptacle des fleurs est conné
avec leur bractée axillante, qui ne devient libre qu'au
sommet.

Les fleurs sont celles des *Bromelia* : Réceptacle en
forme de cupule, portant sur ses bords 3 sépales
libres, en forme de carène aiguë, 3 pétales dressés
beaucoup plus longs, réunis à la base en un tube
court, obtus au sommet, à préfloraison tardive ; à la
base de chaque pétale se trouvent deux écailles de
petites dimensions. Les étamines, au nombre de 6,
sont portées par le tube de la corolle, elles sont superposées aux pétales et unies entre elles à la base ;
les anthères linéaires, dressées, plus courtes que
les pétales, s'ouvrent par leur face interne. L'ovaire
infère est surmonté d'un style dressé, à branches
droites ou arquées, à peine tordues. Dans chaque

loge se trouvent des ovules nombreux, horizontaux ou descendants. Les fruits sont des baies adhérentes

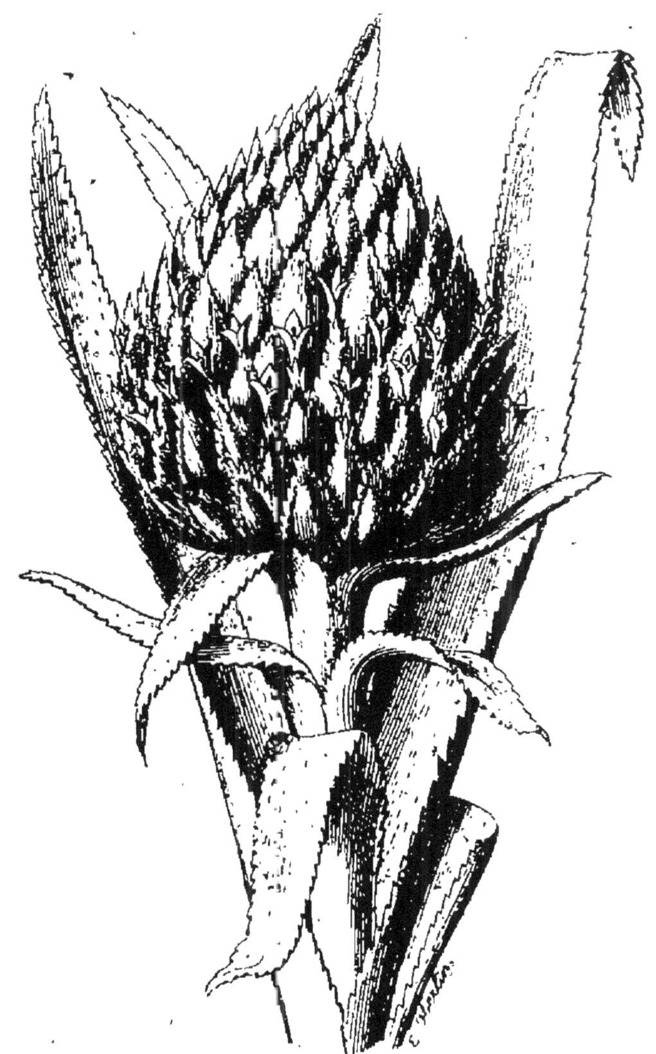

Fig. 1. — *Ananas sativus* SCHMET. Inflorescence.

à l'axe d'inflorescence et à la base de leurs bractées axillantes. Leur ensemble, c'est-à-dire l'ananas tel que nous le connaissons, est donc un fruit syn-carpique, ovoïde.

Les graines sont oblongues, ovoïdes, comprimées ; leur embryon est, complètement ou en partie, enfoui dans l'albumen ; il se trouve situé près du hile.

Les nombreuses espèces d'Ananas : *A. pyramidalis*,

Fig. 2. — *Ananas sativus* Schmet. Fruit.

Mill. ; *coccineus*, Mor. ; *variegatus*, Bak. ; *Porteanus*, K. Koch ; *glaber*, Mill. ; *lucidus*, Mill. ; *semiserratus*, W. ; *debilis*, Schult F. ; *macrodontes*, Morr. ; *bracteatus*, Schult. F. ; *Sagenaria*, Arrud ; *muricatus*, Arrud ; *microstachys*, Linden ; ainsi que les Ananas *Abacaxi*, si

recherchés au Brésil, ne sont considérés, avec raison, semble-t-il, par beaucoup d'auteurs, que comme
des variétés d'une seule espèce.

Les Ananas sont des plantes originaires des régions tropicales des deux Amériques.

L'Ananas comestible (*Ananas sativus*, Sch. F.;
Ananassa sativa, Lindl.; *Bromelia Ananas*, L.; *B. syl-
vestris*, Will.) porte dans ses pays d'origine les noms
de Pita, Vanacous, Jayama, Poniama, Ungby, Ka-
potsiana.

Le nom brésilien est *Nona*, d'où les Portugais ont
tiré celui d'Ananas; celui de *Pinas* est dû aux Espa-
gnols, à cause de l'analogie de forme avec le cône
du Pin pignon. *Matratli* est le nom mexicain de la
plante.

On a trouvé l'ananas sauvage dans les terres
chaudes du Mexique, dans la province de Viraguas,
près de Panama, dans la vallée du Haut Orénoque,
à la Guyane, dans la province de Bahia.

Bien que l'Ananas cultivé n'ait que point ou peu
de graines, il se naturalise parfois dans les pays
chauds (îles Maurice, Seychelles, dans l'archipel
Indien, l'Inde, les Antilles).

On a parlé de l'Ananas comme plante cultivée au
Congo, mais il a certainement été importé en
Afrique (R. Brown). Cette importation nous explique
que, dès 1599, Clusius vit des feuilles d'Ananas rap-
portées de la côte de Guinée.

Ce n'est qu'en 1594 que l'Ananas a été introduit
en Bengale (Bayle). Les Chinois le cultivaient dès le
XVIIᵉ siècle, mais il avait dû leur être apporté du
Pérou (Kircher). Rumphius dit que, de son temps,
l'Ananas était cultivé dans toutes les parties de
l'Inde, et qu'on en trouvait de sauvages aux Célèbes,

ce qui le conduisait à soupçonner son origine asiatique. Il remarque cependant l'absence de nom asiatique pour cette plante, fait indiqué aussi par Roxburgh, et on a pu reconnaître que le nom sanscrit de la plante : *Ananash*, n'était que dérivé du terme primitif Ananas ; De Candolle (*Origine des plantes cultivées*, p. 249) a insisté sur ces faits.

L'Ananas est connu depuis très longtemps dans les cultures ; il paraît avoir été découvert au Brésil par Jean de Lery en 1555, d'où il fut apporté en Angleterre ; ce ne fut que vers 1733 qu'il fit son apparition en France, à la table du roi Louis XV ; quelques grands seigneurs le faisaient cultiver, mais cette culture paraît avoir été négligée, pendant la Révolution et l'Empire, pour être reprise ensuite, et admirablement conduite par des cultivateurs, dont les noms sont restés célèbres : les Gontier, les Truffaut, les Lesueur, les frères Crémont, et tant d'autres, qui surent pendant plus d'un demi-siècle approvisionner la France et l'Europe du nord de leurs magnifiques et savoureux produits... Depuis, cette culture, très intéressante et rémunératrice pour ceux qui la pratiquaient sur une grande échelle, est presque abandonnée, et n'est guère restée qu'aux mains de quelques praticiens établis ou chefs jardiniers dans de grandes maisons...

Cela tient à ce que les fruits d'Ananas arrivent par milliers sur les marchés de Londres, de Paris et des grandes capitales d'Europe, dans des conditions de fraîcheur excellentes, et à des prix tellement bas qu'il n'y a aucune tentative à faire pour arriver à les réaliser par la culture en serre. Nous verrons, dans un article spécial, à parler de ces arrivages des pays chauds, et nous allons essayer de retracer simplement, et aussi succinctement que possible, les grandes lignes de la culture des Ananas en serre.

Il faut pour cultiver des Ananas posséder une serre ou bâche, appuyée au long d'un mur exposé en plein midi. Les serres dont on s'est servi longtemps, et dont on se sert encore au potager de Versailles (maintenant École Nationale d'horticulture), sont d'excellents outils. Certains cultivateurs qui cultivent les Ananas en pots, emploient pour la culture d'été des sortes de coffres creux en bois, dans lesquels ils font des couches, et qu'ils entourent de réchauds. Il arrive aussi parfois qu'ils font passer des tuyaux de chauffage dans le bas de ces coffres. Tout cela est affaire de dépense, et de bonne conception de la part du cultivateur, qui doit chercher à avoir la lumière, le cube d'air nécessaire, et la chaleur de fond et d'atmosphère nécessaire à la culture de la Broméliacée qui fait le sujet de notre chapitre.

Ceci dit, il s'agit donc de s'occuper d'avoir de bons œilletons. C'est généralement en été qu'on s'occupe de détacher ceux-ci des pieds-mères. On peut aussi se servir des couronnes qui sont au-dessus des fruits pour la multiplication. Mais, outre que ces couronnes ne sont pas toujours à la disposition du cultivateur en temps utile, elles sont souvent assez longues à émettre des racines. Cependant avec les espèces précieuses on ne doit pas négliger cette sorte de multiplication.

En admettant qu'on ait à sa disposition les œilletons en juillet, on prépare une couche dehors, avec du bon fumier, et quand elle marque au thermomètre de fond 25 à 30 degrés, et que la charge de terreau ou de vieille terre de bruyère y a été déposée, on y plonge les pots contenant les œilletons, qu'on aura au préalable rempotés dans des pots variant de grandeur, suivant la force des plantes sectionnées. Il est évident qu'on aura préparé ces sortes de boutures comme celles des autres espèces de Broméliacées. On aura attendu, avant de les plonger dans la terre en pots, qu'elles aient été suffisamment ressuyées, et que la cicatrice soit raffermie.

La terre à employer sera de bonne qualité, fibreuse, poreuse, et devra très bien laisser passer les arrosages ; on plongera donc les plantes dans la couche, ou, si l'on opérait dans une serre chauffée en dessous, ce qui revient au même, on s'arrangerait de façon que la température de la couche reste bien égale. Le rangement des plantes doit être fait avec soin, en plaçant naturellement les plus petites dans la partie la plus basse, et successivement les autres sujets selon leur force.

Il faut observer que les plantes devront être ombrées, de façon à éviter les rayons directs du soleil. Ces précautions sont nécessaires, tant que les œilletons ne donneront pas d'indices de reprise ; l'on pourra aussi les bassiner assez fréquemment ; les bassinages ont pour but de tenir les plantes, en bon état de fraîcheur, de les empêcher de faner et aident certainement à la reprise, quand bien même l'eau tomberait dans le cœur. On surveille la reprise, et, quand on est sûr que les œilletons ont des racines, on peut leur donner plus d'air et les tenir beaucoup plus en lumière. C'est en somme un peu la température du dehors qui doit guider le cultivateur, — lequel agira aussi (pour les couches) selon que la température baissera en remaniant les réchauds avec du fumier neuf. Comme c'est généralement en serre qu'on cultive les ananas, nous admettons que les plantes rentrées du dehors seront placées de nouveau sur une couche faite dans la serre, soit avec du fumier mélangé de feuilles, soit sur une tannée soit sur des planchers sous lesquels passent des tuyaux de chauffage; la température dans ce cas ne devra jamais dépasser 25 à 30 degrés, sous le dessous des pots.

On procède alors à l'inspection des œilletons, et selon leur plus ou moins bon état de racines, on donne un empotage qui sera un peu selon la force des plantes et le bel état de leur motte. Généralement, des pots de 14 à 18 centimètres sont très suffisants, et, quant à la terre, elle sera toujours la même, le fond du pot sera parfaitement drainé. Le rempotage opéré, la plante au besoin soutenue par des tuteurs, on la plonge dans la couche, et on ombre encore un peu pour éviter la fatigue des feuilles des plantes nouvellement rempotées. Lorsque l'hiver arrivera, il est évident qu'il faudra maintenir la température au degré voulu de régularité, de même qu'il ne sera plus prudent de bassiner ses plantes, surtout dans le cœur; les arrosages seront modérés, et toujours pratiqués avec de l'eau à la température de la serre. Le printemps arrivé, on peut préparer une nouvelle couche, soit dehors, soit dans la serre, et y verser une bonne épaisseur d'excellente terre de bruyère, sur laquelle on plantera en pleine terre, bien rangées, les plantes qu'on sortira des pots, sans en ébranler la motte. Il ne serait peut-être pas mauvais de conseiller de pailler la terre avec du fumier court, très propre, pour éviter que celle-ci se dessèche, et pour assurer aux racines qui tiennent à la surface du sol, une protection efficace.

Les plantes bien plantées et tout bien organisé, on

mouille fortement, et il n'y a plus qu'à surveiller la végétation, à bassiner un peu chaque fois que le temps sera beau, à donner de l'air pendant les heures chaudes de la journée, et à surveiller le thermomètre qui devra toujours rester à une bonne température de serre chaude ; il faut se souvenir que les ananas, cultivés en pleine terre, végètent vigoureusement, et qu'il leur faut une température un peu tropicale, c'est-à-dire chaude, mais saturée d'humidité. Nous voici arrivé à l'automne, les ananas ont bien végété, et, si les soins ont été judicieux, les voilà de force à donner leurs fruits.

On rentre les plantes en octobre, toujours dans la serre d'été à ananas, mais qu'on aura pour cela divisée en deux parties : dans la première, on rentrera les plantes en les faisant reprendre, soit sur une couche, soit sur le plancher chauffé. Cette reprise s'effectue rapidement, si on a pratiqué le rempotage, en ayant le soin de laisser les racines bien saines, et en bassinant souvent les plantes, qu'on ombrera tant qu'il y aura du soleil. Cela dure de 15 à 20 jours, 1 mois au plus ; c'est alors qu'on aura préparé dans la partie de la serre réservée à la culture des ananas à fruits une couche de fumier, sur laquelle on plongera les plantes cultivées en pots, ou alors une couche de terre, dans laquelle on enterrera en pleine terre les ananas. Il est évident que la beauté des fruits se ressentira toujours de la culture en pleine terre. Les soins à donner sont toujours les mêmes : des arrosages judicieux, des bassinages, de la chaleur régulière, et surtout la surveillance des insectes qui attaquent souvent ces excellentes plantes, de telle sorte qu'il devient bien difficile de s'en débarrasser. Divers procédés sont recommandés, mais je crois que le meilleur est encore la vaporisation fréquente, et les lavages réguliers à l'eau de savon, et même quelquefois à l'eau additionnée d'alcool. Il est certain que l'amateur qui voudra tenter cette culture y trouvera toujours une très grande satisfaction, et surtout l'inappréciable joie de voir ses plantes donner ces beaux et excellents fruits qui seront toujours plus appréciés des vrais amateurs que ceux venant des Antilles ou des Açores... Ces fruits ont en effet une saveur exquise, un parfum très largement développé, et surtout infiniment plus d'œil que ceux importés; il est vrai qu'ils coûtent infiniment plus cher...

Voici la liste des meilleurs variétés d'ananas à cultiver :

Cayenne à feuilles lisses.
Charlotte de Rothschild.
Comte de Paris.
Monserat.
Ananassa Abacaxi.

CHAPITRE XI

LES ANANAS IMPORTÉS.

Dans un traité concernant les Broméliacées et leur culture, il n'est pas possible de passer sous silence ce qui a trait à la plante qui produit un des meilleurs fruits dont l'Europe et bien d'autres pays se délectent. Dans le chapitre précédent, nous avons retracé à grands traits et incomplètement, à coup sûr, la culture en serre de l'ananas, culture qu'on peut considérer comme très abandonnée. Cet abandon se conçoit du reste, quand on voit que le cultivateur, si habile et si économe qu'il soit, ne peut arriver à produire des fruits qu'avec beaucoup de soins et de peines, tandis que des pays fortunés peuvent les expédier par des moyens de transport rapides, dans les grands centres, à des prix presque dérisoires.

Nous avons voulu étudier la question de très près, et nous certifions aux lecteurs que tous les documents qui nous ont servi à établir la provenance, les quantités et les prix des ananas expédiés en Europe, sont puisés aux meilleures sources ; — les lecteurs acquerront comme nous la certitude que, devant la concurrence redoutable qui s'est tout à coup révélée, les cultivateurs n'ont plus beaucoup d'espoir, et que la lutte devient tout à fait inégale. Il nous appartient de constater le fait sans rien conclure, et désormais nous ne ferons que relater ce que nous avons appris, nous abstenant de commentaires.

Comme toujours, lorsqu'il s'agit d'importations, c'est l'Angleterre qui s'est emparée du marché des ananas. C'est à Londres et à Liverpool que les vaisseaux du Royaume-Uni apportent ces excellents fruits, et ce sont les Anglais, *qui seuls* ont des escales régulières aux Açores, qui alimentent ainsi l'Europe du Centre et du Nord de leurs importations fruitières, extrèmement variées et très importantes.

En général, les ananas arrivent en état presque complet de maturité, et par bateaux entiers contenant de 9 à 10,000 fruits et quelquefois jusqu'à 20,000 ; ils viennent ainsi de Saint-Michel (San Miguel, Açores), où ils sont admirablement cultivés, étant l'objet des plus grands soins ; l'emballage se fait par caisse de 8 à 12 fruits, et disposé de telle sorte que les chocs et les accidents de route ne peuvent les atteindre ; les feuilles de maïs, de riz, ou autres servent à les emballer ; les fruits extra sont plus soigneusement enfermés, et arrivent en caisses de quatre seulement... C'est principalement de novembre à mars que les grands arrivages ont lieu, et il est extraordinairement intéressant de voir décharger un navire dont la cargaison est *uniquement* composée des caisses de ces savoureux produits.

Les ananas ne viennent pas exclusivement des Açores : il en est importé aussi de Californie et de Costa-Rica, mais ceux qui viennent de ces pays n'ont pas, à beaucoup près, la même valeur. Ils arrivent emballés dans des tonneaux, et se vendent souvent entre 60 cent. et 1 fr. 50 cent. la pièce. Ceux qui arrivent des Açores sont souvent si beaux, *si à point,* que leur prix subit, selon la demande ou la beauté, des fluctuations assez grandes. Les mercuriales relevées avec soin accusent des prix variant de 2 à 6 et 8 schellings ; il se produit, comme dans tous les marchés, des cours très mobiles : tel jour, ayant vu un arrivage considérable, voit les prix très hauts, tandis qu'un autre, où la quantité de fruits est relativement minime, voit ceux-ci baisser considérablement. En résumé nous voyons donc que les ananas importés sont, à très peu de chose près, vendus sur le marché de Londres. Ce qui semble résulter d'un état de choses vraiment déplorable, auquel il nous semble facile de remédier ! — En effet pas un seul navire français ne s'est chargé jusqu'à ce jour de cette marchandise, pour l'apporter dans les ports de France, et cependant les producteurs qui sont de plus en plus nombreux aux Açores, se plaignent de l'abaissement des prix de leurs fruits, étant tributaires des traitants anglais qui leur imposent des conditions auxquelles ils doivent se soumettre sous peine de voir leurs fruits rester au quai d'embarquement.

Il serait donc très intéressant qu'un service *régulier* de navires français, touchant à Saint-Michel, s'établisse, et nous apporte les beaux produits des cultures de ces pays, qui arrivant au Havre par exemple, et sans passer par des intermédiaires anglais, auraient le grand avantage de pouvoir trouver un écoulement certain non seulement en France, mais dans l'Europe du Nord. Leur nature permettrait de les servir intacts très longtemps, et l'expédition en étant très facile, nous ajouterons que la qualité des ananas importés varie certainement, mais qu'elle peut être absolument exquise si l'on sait choisir les fruits ; nous tenons même d'un des plus célèbres marchands primeuristes de Paris cette assertion que les ananas importés sont souvent *très supérieurs*, comme qualité, à ceux cultivés dans nos serres; ils auraient, à ce qu'il paraît, plus de jus, plus de parfum et surtout plus de sucre. Nous ne sommes pas à même de discuter cette question; mais il est évident que le mode de culture perfectionné qu'on suit à Saint-Michel, le transport rapide, l'emballage parfait, tout cela contribue à mettre à la portée du consommateur des fruits d'une qualité tout à fait supérieure, et dignes de figurer sur toutes les tables. Souhaitons à nos importateurs de nous les procurer aux conditions les plus accessibles, et ils auront droit à la reconnaissance des gourmets, qui savent apprécier l'excellent fruit de l'*Ananassa sativa*.

CHAPITRE XII

L'ANANASSA SATIVA VARIEGATA Lindl.
considéré comme plante ornementale.

Nous avons consacré deux chapitres spéciaux aux ananas considérés comme plante à fruit, nous n'y reviendrons pas. Voyons donc ce que sont les ananas au point de vue ornemental.

Ces plantes sont surtout remarquables par leur feuillage, dont la couleur panachée et souvent très brillante en fait des plantes ornementales de premier ordre. Leurs feuilles, gracieusement recourbées, forment une plante rappelant par son port un de ces jets d'eau en forme de corbeille. Les proportions qu'atteignent les variétés ornementales ne sont jamais telles qu'on ne puisse les employer facilement. Ces plantes ont seulement l'inconvénient d'être d'une texture cassante, et demandent à être maniées avec précaution, si on ne veut pas en altérer la régulière beauté. Nous ne parlerons pas des fleurs ou des fruits, qui n'ajoutent rien à la beauté de la plante, et dont l'apparition au contraire annonce la fin du parti qu'on en peut tirer pour orner les appartements.

Les *Ananassa* panachés sont des plantes de serre chaude, et demandent même, surtout pendant la mauvaise saison, une température assez élevée. Il leur faut aussi une exposition excellente, en pleine lumière, et il faut leur donner toutes leurs aises si on veut les voir se développer largement et conserver leurs formes parfaitement régulières.

Il est urgent de suivre les plantes lors du rempotage, et de ne pas les laisser avoir faim. Leurs racines sont généralement blanches, charnues, et elles aiment à trouver une terre saine sans aucun excès d'humidité. On pourrait cultiver ces plantes sur couche chaude, à la manière des ananas cultivés pour leurs fruits. Mais la culture en serre chaude sur supports ou pots renversés est meilleure ; elle corse les plantes, elle leur donne moins de vigueur, mais plus de couleur. C'est ainsi qu'en traitant en serre chaude bien éclairée des *Ananassa sativa variegata*, on arrive à les voir se colorer en rouge vermillon et en jaune d'or, qui donnent à la plante un aspect vraiment merveilleux, et qui en font, par la juxtaposition de ces couleurs, une des plus belles plantes à feuillage panaché qui existe.

Les *Ananassa variegata* et les autres espèces cultivées pour leur feuillage se multiplient d'œilletons, qu'il faut attendre patiemment, puisqu'ils ne paraissent que lorsque la plante est assez forte pour donner son fruit. Il ne faut pas les détacher avant qu'ils aient la force nécessaire, et on ne doit pas non plus jeter la plante mère, tant que celle-ci sera de force à donner des jeunes. La couronne du fruit peut aussi servir à multiplier la plante, et elle forme généralement des sujets d'une régularité parfaite.

Les *Ananassa* panachés sont assez sujets à être envahis par les insectes : il faut donc y faire bien attention, et les laver souvent même à l'eau pure ; leur belle panachure pourrait avoir à souffrir du contact des insecticides ; la vaporisation aura cependant cela de bon, qu'elle attaque les insectes sans avoir l'inconvénient des lavages, dont le plus grave défaut est qu'il faut frotter, et qu'en frottant on abîme toujours la surface du feuillage, surtout chez les plantes aussi bien panachées que celles qui nous occupent.

Les *Ananas* panachés sont des plantes décoratives, et on pourra dans la belle saison les faire servir à l'ornementation des salons, à la condition toutefois de ne pas les y laisser trop longtemps : car il se pourrait que, ne se trouvant plus dans leur milieu, ils se décomposent par le pied. Quand on les rentre en serre, ils pourrissent alors rapidement.

CHOIX DES PLUS JOLIS *Ananassa variegata*.

Ananassa sativa variegata.
     —   *Porteana* (C. KOCH).
     —   *Cochinchinensis*.

CHOIX DES BROMÉLIACÉES

BROMÉLIÉES

Acanthostachys LINK, KL. et OTT.

Caractères botaniques. — L'unique espèce du genre
Acanthostachys, Astrobilacea Link, est une plante du
Brésil central.

Plante curieuse, herbacée, vivace, assez ernemen-
tale, aux longues feuilles, peu nombreuses, atteignant
de 1 mètre à 1 m. 50, arrondies comme celles des
Juncus, jusqu'à la moitié de leur longueur. Le reste de
leurs feuilles est canaliculé, épineux sur les bords et
devient étroit. Au point où la feuille cesse d'être
arrondie, se montre une inflorescence (en strobile),
sorte de cône analogue à celui des Ananas, avec bractées scarieuses, rigides, serrées, jaune verdâtre. Les
bractées sont plus ténues. Les fleurs, si rapprochées
qu'elles soient, ne sont pas unies à la base, elles sont
portées sur un axe étroit et allongé, elles sont, ainsi
que les fruits qui leur succèdent, entièrement libres
des écailles, à l'aisselle desquelles elles se trouvent
situées. Ces fleurs rappellent un peu celles des *Aechmea* par leur forme générale, leurs caractères
sont à peu de chose près les mêmes que chez les *Ana-*

nas. Leur réceptacle subsphérique, dilaté latéralement
à la base, porte des sépales triangulaires aigus, des
pétales un peu plus longs, bien que courts, avec
écailles à leur base. Les étamines sont au nombre de
six ; 3 alternes avec les pétales et libres, 3 opposées

Fig 3. — *Acantostachys strobilacea.* Inflorescence.

aux pétales, unies à l'extrême base de la corolle ; leurs
filets, fortement aplatis, portent des anthères dorsifixes introrses. L'ovaire inférieur est surmonté d'un
style à courtes branches, grêles, non tordues, courtement cunéiformes, garnies de papilles stigmatiques.
Il y a dans chaque loge deux ou trois ovules colla-
téraux, descendants, dont la chalaze se prolonge par
une queue longue et grêle. Les fruits, couronnés des
restes du périanthe, sont légèrement pulpeux et res-
semblent à ceux de l'Ananas.

Valeur horticole. — On peut cultiver la plante en suspension ou sur bûches. Multiplication facile, température un peu sèche.

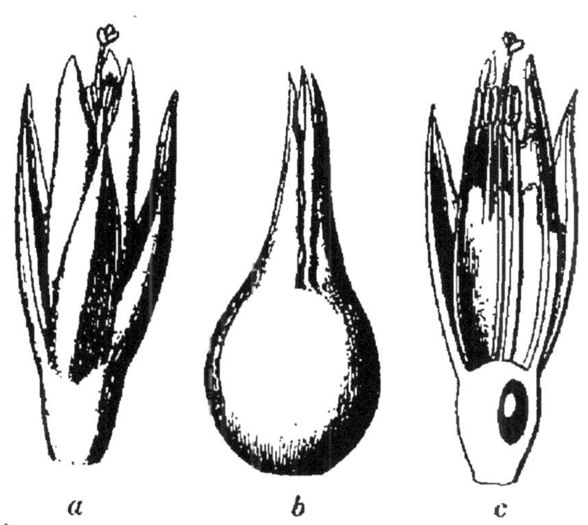

Fig. 4. — *Acantostachys strobilacea*. — *a*, fleur; *b*, fruit simple; *c*, fleur, coupe longitudinale.

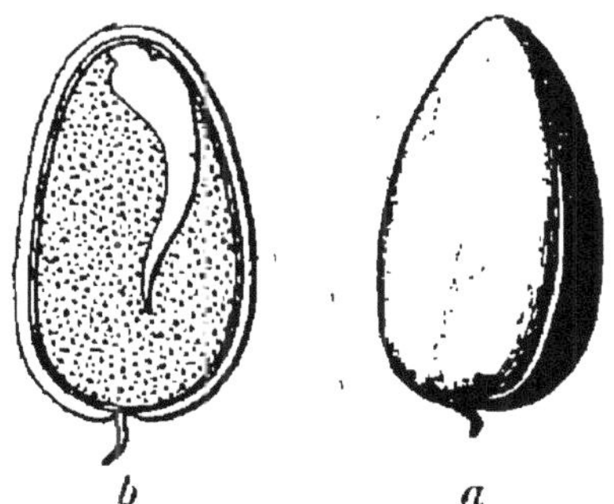

Fig. 5. — *Acantostachys strobilacea*. — *a*, graine; *b*, graine, coupe longitudinale.

Les **Aechmea** R. et P.

Caractères botaniques. — Les *Aechmea* sont originaires des régions tropicales de l'Amérique. Ce sont des herbes vivaces; leurs feuilles groupées en rosettes très dures ont des bords découpés en dents, affectant la forme de piquants.

Leur inflorescence est variable, en strobile ou épi, plus ou moins ramifiée, et formée finalement de petites cymes. Les bractées florales y sont d'ordinaire coriaces, et se terminent par une pointe aiguë ; les

Fig. 6. — *Aechmea fulgens.*

bractées axillantes des cymes sont foliiformes, scarieuses, aiguës ou souvent mucronées, le plus souvent d'une belle coloration rouge.

Le réceptacle porte sur ses bords des sépales ovales ou lancéolés, épais ou coriaces, souvent mucronés, tordus. Les pétales, libres ou à peu près, le plus souvent à peine plus longs que les sépales, sont tordus dans le bouton, et portent à leur base des écailles ordinairement courtes. Les étamines, au nombre de six, sont plus courtes que la corolle, 3 sont libres, portées directement sur les bords du réceptacle, les 3 autres au contraire se trouvent portées par la base des pétales, auxquels elles sont superposées; leurs filets qui sont aplatis, portent des anthères oblongues, plus ou moins dorsifixes, à loges libres à la base, déhiscentes par leur face interne. L'ovaire infère renferme, dans chaque loge, un petit nombre (2-4), ou un nombre indéfini d'ovules, dont la chalaze est prolongée en pointe. Le style grêle se termine par des lobes stigmatiques, indupliqués, tordus.

Le fruit est charnu ou subcoriace, son réceptacle devient parfois même pulpeux, les graines sont de petite taille.

Valeur horticole. — C'est un très beau genre de la famille des Broméliacées que le genre *Aechmea*. Il a l'avantage d'avoir un joli feuillage et de fort belles inflorescences... L'aspect des *Aechmea* n'est pas le même pour tous. Ainsi certains atteignent des proportions énormes (*Aechmea Mariæ Reginæ*), d'autres sont au contraire des plantes de très petite stature (*Aechmea miniata* et ses variétés). Certains affectent une forme particulière (*Aechmea Welbachii*). On peut dire que les *Aechmea* ont des feuilles, tantôt longues et effilées, d'une consistance très succulente, d'un vert tendre, saupoudrées d'une substance blanche, rappelant parfaitement la fleur de certains fruits (*Aechmea fulgens*); d'autres ont au contraire de larges et longues feuilles, armées sur leurs bords d'épines fines, et formant un vase dont les bords seraient fortement inclinés (*Aech-*

mea Mariæ Reginæ), tandis que d'autres ont les feuilles rouge acajou très brillant en dessous (*Aechmea fulgens discolor*). La variété de l'*Aechmea Welbachii Leodiensis* a les feuilles d'un rouge mordoré en dessus. Les *Aechmea* ont de très jolies inflorescences, gracieuses, transparentes et fermes, qui les font parfois ressembler à du corail (*Aechmea fulgens*). Ces inflorescences sont composées de grappes dressées, supportant des fleurs bleues, portées sur des réceptacles en forme de grains ovales d'un rouge très brillant et très séduisant; aussi ces fleurs d'un bleu azuré plus ou moins intense font-elles un très bel effet, par contraste avec le rouge intense des réceptacles; il est à remarquer que pour certains les bractées font absolument défaut; cependant dans l'*Aechmea Mariæ Reginæ* l'inflorescence se présente sous la forme d'une énorme grappe dressée, aux fleurs bleues et roses, accompagnées de bractées rose vif, d'un effet superbe et décoratif au plus haut degré.

La culture des *Aechmea* est un peu plus difficile que celle de certaines Broméliacées; ces plantes sont, en général, toutes de serre chaude, ou tempérée chaude; elles aiment la partie ombrée de la serre, et elles redoutent la grande aridité. A cause de leur consistance charnue, de leur végétation rapide, elles demandent des soins attentifs, en ce qui concerne le rempotage, qui doit être fait avec d'excellente terre de bruyère, concassée grossièrement, à laquelle on pourra ajouter du bon terreau d'humus; le tout sera bien drainé, de façon que les arrosages ne transforment jamais la terre en substance pourrissante. L'excès d'humidité détermine chez les *Aechmea* des taches jaunes, fort désagréables, et qui ne disparaissent plus. Du reste on peut, dans la grande culture, traiter ces plantes en pleine terre pendant cinq ou six mois. Elles y acquièrent une vigueur étonnante; elles se trouvent aussi très bien de la culture sous châssis et sur couche, pendant l'été ; les *Aechmea* se multiplient facilement par les œilletons qui se forment au pied des plantes, pendant ou avant leur floraison. Mais il sera toujours prudent d'attendre que ceux-ci aient atteint une certaine force avant de les détacher; on a pu reproduire, par le semis, certaines espèces : l'*Aechmea miniata discolor*, entre autres, et l'*Aechmea fulgens discolor* (*Flore des serres*, 1849, volume V); mais ce moyen est peu employé, et il n'est pas à notre connaissance qu'on ait pu reproduire par le semis des espèces très décoratives comme l'*Aechmea Welbachii* (*Lamprococcus*, Ed. Morr.), par exemple, mais on a obtenu des semis de l'*Aechmea Mariæ Reginæ*. Ceux-ci croissent rapidement et peuvent fleurir au bout de cinq à six ans. Comme plante de commerce ou d'appartement, les *Aechmea* sont précieux. Ils tiennent fort longtemps, et leurs inflorescences peuvent rester quelques semaines sans trace de fatigue. Il est pourtant utile de dire que la délicatesse de leurs feuilles est telle que le moindre changement de température peut être la cause pour ces plantes d'une décomposition rapide, qui se traduit par de larges plaques transparentes, donnant aux plantes l'aspect d'un végétal qui a été gelé. Ces plaques font place à des taches qui deviennent des trous, et il n'y a plus qu'à couper les feuilles de la plante, et à la placer dans l'endroit réservé aux pieds mères; son aspect est, en effet, navrant; il sera donc prudent d'observer certaines précautions dans le transport de ces plantes, même en plein été.

CHOIX DES PLUS JOLIS Aechmea.

Aechmea calyculata (BAKER), Brésil.
— *cœlestis* (Ed. MORREN), Brésil.
— *discolor* (HOOK).
— *fulgens* (BRONG.).
— *fulgens discolor* (BRONG.).
— *glomerata* (GRISEB.).
Mariæ Reginæ (HORT. LIND).
— *miniata* (HORT).
— *Welbachii* (F. DIETR). *Lamprococcus Welbachii* (Ed. MORRIN).
— *Welbachii var. Leodiense* (HORT.), *Lamprococcus Welbachit* (Ed. MORREN).

Canistrum (Ed. MORR).

Caractères botaniques. — Le genre *Canistrum* ne peut être maintenu qu'artificiellement distinct du genre *Aechmea*, au point de vue botanique.

Mais au point de vue horticole il n'y a aucun inconvénient à le maintenir distinct. Il importe seulement de noter que l'inflorescence y est dense, presque capituliforme, entamée à l'intérieur des bractées membraneuses, larges, ovales, colorées. Tous les caractères de la fleur sont ceux des *Aechmea*, ce qui autorise les botanistes à faire rentrer les *Canistrum*, à l'état de section, dans ce genre.

Valeur horticole. — Les *Canistrum* sont des plantes de haute décoration, propres à être placées dans une serre d'amateur, où l'on pourra leur donner la place nécessaire. Leur feuillage ample, leur port souvent exagéré, les désignent pour les grandes serres tempérées chaudes. Leurs feuilles sont marbrées, léopardées de dessins intéressants. Ce ne sont pas des plantes dont les bractées sont brillantes, et c'est surtout pour leur beau port et leur feuillage qu'on les cultive. Ils demandent la serre tempérée chaude, et aiment à avoir des rempotages raisonnés, suivant leur vigueur. Comme culture, nous les rapprocherons des *Nidularium*; ils exigent les mêmes soins. Si on veut les employer à la décoration des appartements, ils y figureront avantageusement. Ce sont des plantes très rustiques.

CHOIX DES PLUS JOLIS *Canistrum*.

Canistrum Cappei (HORT. CAPPE).
— *leopardinum* (HORT.).
— *Salieri*.

Chevaliera (GAUD.).

Caractères botaniques. — Le genre *Chevaliera* a été créé par Gaudichaud pour deux espèces brésiliennes, que certains auteurs (Bentham et Hooker) ont rapporté avec doute au genre *Ananas*. Mais les auteurs plus récents, Baker, Baillon, rapportent ces types horticoles (*Ch. Veitchi*) au genre *Aechmea*, à titre de section, dont les caractères distinctifs sont : inflorescence en épi simple, très dense, *strobiliforme*, avec larges bractées, coriaces, uniflore.

Valeur horticole. — Ce sont des Broméliacées représentées par très peu de variétés, et cependant on ne peut s'empêcher de le regretter, car les *Chevaliera* ont un aspect tout particulièrement intéressant. Leurs feuilles rigides, dressées, d'un beau vert, forment une plante régulière, un peu raide d'allure ; leur inflorescence se montre sous l'aspect d'un long cône, régulier, à bractées recourbées en forme de bec, et d'une régularité parfaite. Les fleurs, insignifiantes, ne durent que peu de temps comme chez la plupart des Broméliacées ; mais l'inflorescence d'un rouge superbe (dans le *Chevaliera Veitchi*) dure des mois entiers sans changer de couleur. Ces plantes aiment la serre chaude et sont d'une croissance assez lente. Il leur faut de la terre bien légère, et elles redoutent l'excès d'humidité; elles se multiplient d'œilletons, qu'elles donnent avec parcimonie. Nous ne savons pas qu'on ait pu en semer. Ce sont des plantes à garder en serre, car elles sont toujours rares, et elles y font trop jolie figure pour qu'on songe à les transporter aux appartements, au risque de compromettre leur santé.

CHOIX DES PLUS JOLIS *Chevaliera*.

Chevaliera crocophylla (ED. MORR.).
— *Veitchi* (ED. MORR.).

Echinostachys (BRONGN.).

Caractères botaniques. — Ces plantes, connues couramment des horticulteurs sous le nom d'*Echinostachys*, rentrent, de l'avis de tous les botanistes actuels, dans le genre *Aechmea*, où on peut à la rigueur les maintenir, à l'état de section.

Valeur horticole. — Les Broméliacées appartenant à ce type sont assez peu remarquables comme élégance. Elles ont un aspect raide, et leurs feuilles plus ou moins larges, réunies à la base, forment de longs tubes, plus ou moins étranglés. Il en sort des capitules de bractées jaunes ou jaunâtres. Ce sont des plantes de serre tempérée, excellentes cependant pour garnir les rochers et les troncs d'arbres, dont la rusticité est parfaite, et dont la multiplication par séparation ou par œilleton n'offre aucune difficulté.

Comme toutes les Broméliacées à feuilles dures, elles craignent les insectes, et se trouvent tachées d'une façon désagréable, si on laisse ceux-ci les envahir.

CHOIX DES PLUS JOLIS Echinostachys.

Echinostachys Pineliana (BRONGN.).

—   var. rosea (Brésil).

Hohenbergia (SCHULTZ).

Caractères botaniques. — On s'accorde aujourd'hui à ranger les *Hohenbergia* dans une section à part du genre *Aechmea*, dont les caractères différentiels sont : inflorescence en épis plus ou moins lâches ou serrés, ramifiés ; bractées petites, non imbriquées, non croisées comme les sépales ; corolle courtement exserte.

Valeur horticole. — Très luxueuses plantes ayant un peu le facies de certains *Canistrum*. Leur développement est plus ou moins considérable. Mais ce sont, en somme, des plantes d'allure assez encombrante. Leurs inflorescences et bractées varient selon les espèces ; mais ce sont surtout les formes en épillets qu'on rencontre, ou en épillets subdivisés. Il s'en trouve qui ont les bractées scarieuses, rouge corail, ou une inflorescence en panicule, formée de petits épis agglomérés, compacts, donnant naissance à des fleurs jaunes, entre lesquelles suinte une espèce de cire blanche... La hampe est garnie de bractées rouges, ce sont des plantes ornementales de serre chaude, se multipliant par leurs œilletons.

CHOIX DES PLUS JOLIS Hohenbergia.

Hohenbergia augusta (ED. MORR.).

—   *erythrostachys* (BRONG.).

—   *exsudans* (ED. MORR.).

Hoplophytum (MORR.).

Caractères botaniques. — On ne peut distinguer botaniquement les types dits *Hoplophytum* du genre *Aechmea.* Ce type générique, établi à tort par Morren, rentre dans la section *Pothuava* du genre *Aechmea.*

Valeur horticole. — Ce type est intéressant, quoique ne comportant que des plantes aux allures un peu raides, et d'un emploi désigné d'avance. On doit l'employer pour la décoration des rochers et des troncs d'arbres. Les feuilles sont canaliculacées, légèrement recourbées, munies de petites épines formant dents de scie. Les inflorescences sont de forme sphérique, souvent jaunes, mais peu décoratives. Il existe une variété à feuilles largement rubanées de blanc, qui est fort intéressante. La culture et la multiplication n'ont rien de difficile, il faut employer les mêmes méthodes que pour le genre *Billbergia.*

CHOIX DES PLUS JOLIS Hoplophytum.

Hoplophytum calyculatum (ED. MORR.).
—   *dealbatum* (ED. MORR.).
—   *fasciatum* (BEER).
—   *robustum variegatum* (HOOK. et MAKOY).

Macrochordium (DE VR.).

Caractères botaniques. — Nous répéterons des *Macrochordium* ce que nous avons dit des *Hoplophytum.* Ils ne constituent botaniquement qu'une section (*Pothuava*) du genre *Aechmea.* Le seul caractère à signaler est celui des bractées, cyathiformes ou aiguës.

Valeur horticole. — Plantes ressemblant à certains *Canistrum,* et dont les proportions sont moyennes (60 à 70 cent. de hauteur); feuilles d'un beau vert, inflo-

rescence en épi très dense, serré, donnant de petites
fleurs jaune pâle, qui deviennent noires; hampe
garnie de belles bractées rouge laque, carminées,
d'un bel effet. Culture des *Canistrum*. Multiplication
par œilletons.

CHOIX DES PLUS JOLIS *Macrochordium*.

Macrochordium pulchrum (BEER).
      —   *tinctorium* (DE VR.).

Rhodostachys (PHIL.)

Caractères botaniques. — Les *Rhodostachys* ne consti-

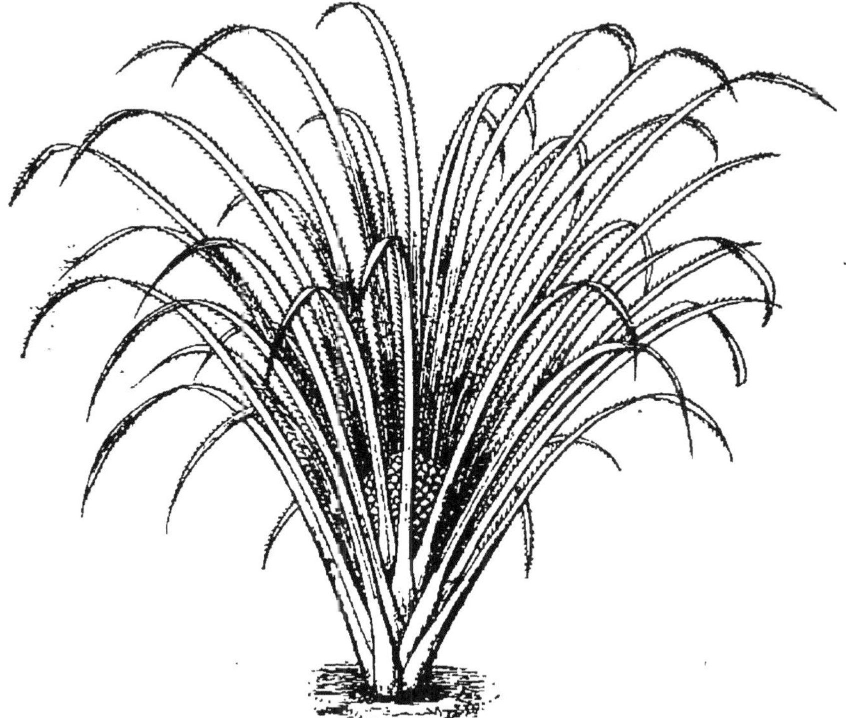

Fig. 7. — *Bromelia (Rhodostachys)* Port.

tient plus, pour certains botanistes, qu'une section du
genre *Bromelia L.* Ce sont des plantes originaires du

Chili, de la Colombie et de la Guyane, à feuilles groupées en rosettes, longues, linéaires, rigides, serrées
sur les bords, chaque dent se prolongeant par une
petite épine. L'inflorescence est un capitule terminal,
sessile, sortant d'un involucre formé par les nombreuses feuilles florales. Les fleurs, subsessiles à

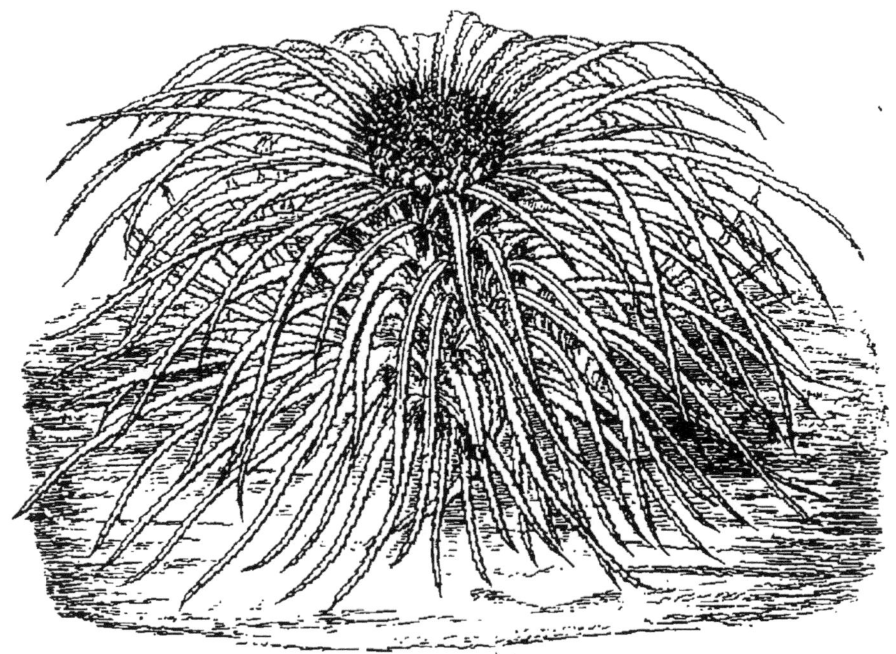

Fig. 8. — *Bromelia (Rhodostachys) longifolia*. Port.

l'aisselle d'une bractée ovale, le plus souvent ciliée,
denticulée, ont un réceptacle hémisphérique ou briè-
vement conique. Les sépales sont dressés, fortement
imbriqués. Les pétales libres, imbriqués, sont à base
souvent glanduleuse à la face interne, ou munies
de deux petites écailles. Les étamines, libres, ont des
filets filiformes, des anthères linéaires plus ou moins
longues, d'une longueur à peu près égale à celle des
pétales, ou courtement exsertes. L'ovaire infère pos-

sède dans chaque loge de nombreux ovules, horizontaux ou suspendus ; le style filiforme a des lobes
stigmatiques, à peine tordus.

Ce sont de jolies plantes, à feuillage argenté (de
40 cent. de longueur environ), épineux sur les

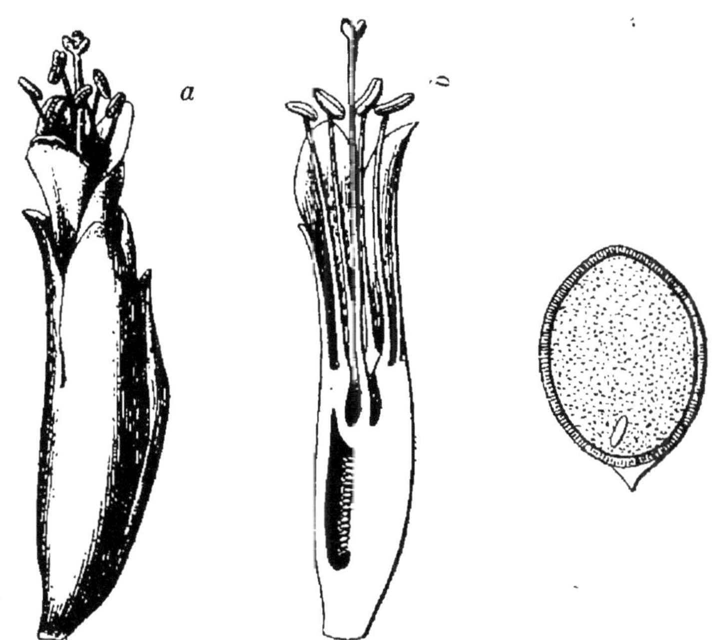

Fig. 9. — *Bromelia (Rhodostachys)*. *a*, fleur ; *b*, fleur, coupe
longitudinale.

Fig. 10. — *Bromelia Pin-
guin* L. Graine ; coupe
longitudinale.

bords. L'inflorescence, niduleuse ou presque, est
entourée par les feuilles d'un bleu violacé, lesquelles
se colorent pendant la floraison. Elles aiment la serre
sèche, chaude, tempérée. Multiplication par œilletons.

CHOIX DES PLUS JOLIS *Rhodostachys*.

Rhodostachys andina (PHIL.).
    —   *pitcairniæfolia* (ED. MORR.).

Billbergia (Thunb.).

Caractères botaniques. — Les *Billbergia* sont des plantes vivaces de l'Amérique méridionale tropicale, souvent épiphytes, sans être parasites, souvent aussi saxicoles. Leurs tiges sont courtes, simples ou peu ramifiées, formées de sympodes. Leur base, souvent ligneuse, porte une rosette de feuilles rapprochées, allongées, concaves à la face supérieure, rigides, coriaces, à nervation rectiligne, le plus souvent ornées en travers de zébrures blanches; leurs bords sont découpés en dents de scie, chaque dent se termine par une épine; la base des feuilles est souvent dilatée, et constamment engainante. Les inflorescences sont terminales, formées d'épis simples ou composés. L'axe principal de l'inflorescence est grêle, flexible, pendant, porteur de fleurs distiques, solitaires à l'aisselle des bractées; parfois, au contraire, l'axe est épais, dressé, les fleurs sont alors groupées autour de son sommet en un épi dense ou un strobile, toujours disposées suivant une ligne spirale continue. Les bractées inférieures, souvent insérées à une certaine distance les unes des autres, sont grandes, souvent stériles, parfois membraneuses, pétaloïdes, d'une couleur vive, généralement pourprée.

Le mode de ramification des *Billbergia* est intéressant à connaître pour l'horticulteur, il est à peu près général dans la famille. Lorsqu'un *Billbergia* a fleuri, l'axe qui le formait a son existence terminée; c'est un axe secondaire, développé à sa base, qui lui succède, et, au bout d'un certain temps, terminera son évolution en fleurissant. La ramification se fait donc en sympode; s'il n'en était pas ainsi, la plante mourrait après avoir fructifié; elle serait monocarpique.

Les fleurs des *Billbergia* sont hermaphrodites, parfaitement ou à peu près régulières, à réceptacle en forme de coupe profonde, renfermant l'ovaire, et portant sur ses bords un double pé-

Fig. 11. — *Billbergia speciosa*. Port.

rianthe. Le calice y est formé de trois sépales, obtus, à préfloraison tordue, la corolle est formée également de trois pétales, plus longs, tordus aussi (en sens inverse); l'un d'entre eux s'étale davantage lors de l'épanouissement, il en résulte que la corolle semble

formée de deux lèvres inégales. A la base de chaque
pétale, et en face de lui, se trouvent deux écailles,
souvent en forme de vasque, ouverte vers le haut, à

Fig. 12. — *Billbergia speciosa*. Fleur.

Fig. 13. — *Billbergia speciosa*.
Fleur, coupe longitudinale.

bords frangés. Dans beaucoup d'espèces, le pétale
porte au-dessus de chaque écaille, une lame verticale, parallèle à sa direction, adhérente à sa
substance, sur une grande étendue de sa face

externe, et libre seulement vers ses bords (droits et
non sinueux), et vers son sommet (obtus, entier ou
inégalement lobé, suivant les types). A son sommet, cette lame se fusionne peu à peu avec la

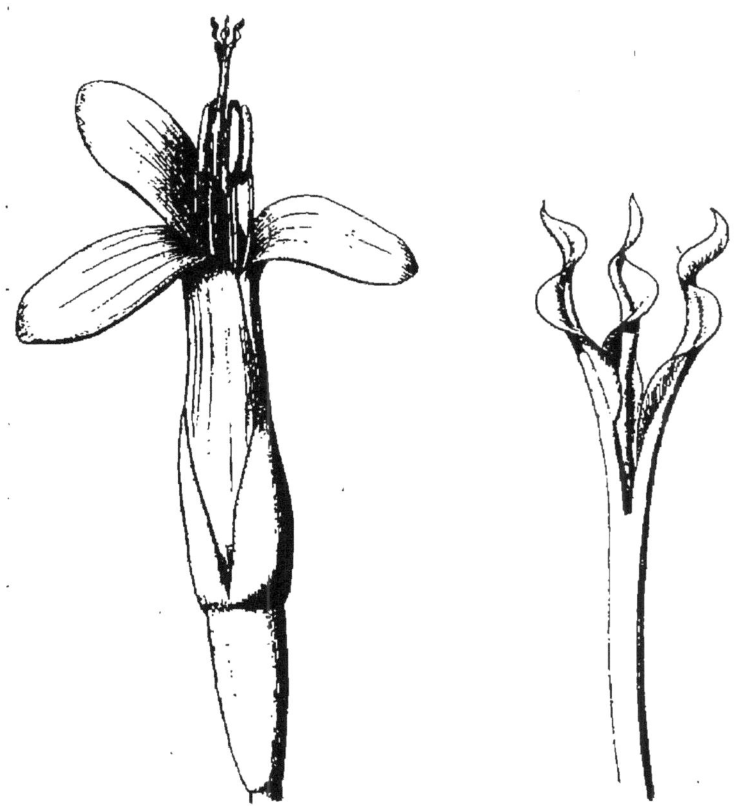

Fig. 14. — *Billbergia*. Fleur.   Fig. 15. — *Billbergia*. Style,
les branches écartées.

substance des pétales, et même parfois disparaît totalement.

Six étamines se trouvent superposées : trois aux
sépales, trois aux pétales. Les premières s'insèrent sur les bords du réceptacle, et sont libres ; les
secondes, au contraire, adhèrent aux pétales par
leur extrême base, ou sont libres aussi ; mais, par-

fois, l'adhérence de ces étamines peut exister jusque vers le milieu de la hauteur du filet, aplati, élargi, et dressé entre les deux bases verticales. Le sommet du filet se continue avec le connectif de l'anthère, dressée, allongée, à loges parallèles, libres dans leur portion inférieure, déhiscentes en dedans par deux fentes longitudinales. L'ovaire infère est formé de trois loges, superposées aux pétales; dans leur angle interne s'insère un placenta axile, de forme orbiculaire ou elliptique, dont les deux lobes sont chargés d'ovules anatropes, à chalaze souvent prolongée en un petit cône. Dans les cloisons de séparation des loges ovariennes, on trouve des glandes septales, très développées vers le bas, et au-dessous des loges, où la glande se partage en feuillets. L'orifice de ces glandes déverse leur nectar dans la cupule réceptaculaire qui surmonte l'ovaire. Le style

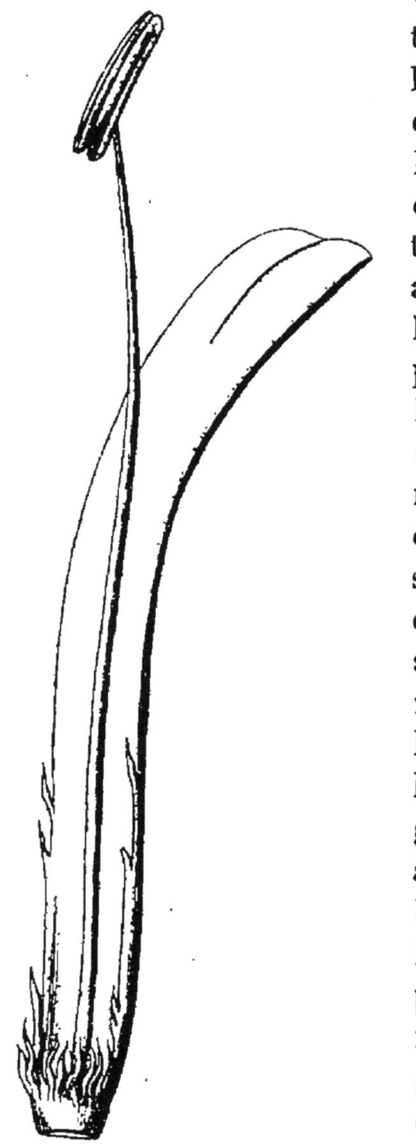

Fig. 16. — *Billbergia*. Pétale isolé avec l'étamine superposée.

affecte la forme d'une colonne dressée, se partageant vers le haut en trois branches stigmatiques. La disposition de ces branches est utile à bien connaître pour l'horticulteur qui veut se livrer à des expériences de fécondation. Elles sont larges, aplaties, repliées sur elles-mêmes, suivant la ligne médiane, à bords rapprochés, chargés de papilles; elles éprouvent, de plus, une torsion les unes par rapport aux autres, dans le même sens que les pétales. Le fruit, plus ou moins charnu, reste longtemps couronné des restes du périanthe, c'est un fruit indéhiscent. Les graines nombreuses renferment un albumen abondant, farineux, et un embryon situé vers la partie inférieure.

Valeur horticole. — Les *Billbergia* sont des Broméliacées d'allures diverses. Ils n'ont pas, comme d'autres espèces, des formes précises et régulières. Les uns ont de longues feuilles, retombant en lanières tordues, et formant par leurs bases un long tube; d'autres ont leur feuillage assemblé de façon à figurer un vase régulier (*Billbergia rhodocyana*, *Hoplophytum fasciatum* (BERR) fort gracieux. D'autres, au contraire, ont des allures dégingandées qui justifient le nom de plantes en zinc que les gens du monde leur appliquent avec quelque raison. Cependant le vert foncé du feuillage de quelques espèces est souvent réhaussé de belles zébrures argentées, d'un charmant effet; le dessous des feuilles est aussi quelquefois brunâtre ou violacé. Ce sont des plantes extrêmement vigoureuses, et d'une culture facile, de serre tempérée plutôt que chaude. L'excès de chaleur amène chez ces plantes l'étiolement, et favorise le développement des insectes.

Il faut aux *Billbergia* une bonne terre substantielle,

à laquelle on ajoutera un peu de très vieille bouse de vache, et quelques fragments de ce que les Anglais appelent du *loam*, qui n'est pas autre chose que la terre de gazon déchiquetée à la main ; rempotés

Fig. 17. — *Billbergia rhodocyana (Hoplophytum fasciatum* BERR .

judicieusement, bien drainés, les *Billbergia* végètent vigoureusement, et forment souvent des plantes superbes en peu de temps. Du cœur de la plante adulte sort une inflorescence en forme d'épi dressé (*Billbergia rhodocyana*), ou recourbé (*Billbergia Leopoldi*), dont les bractées chez le premier sont roses, squameuses, de la teinte de l'immortelle, et abritent des fleurs tantôt bleues, tantôt rose vif du plus charmant effet ; ces bractées peuvent durer deux ou trois mois et plus sans se flétrir. Chez le second, les bractées sont d'un rouge splendide, mais elles n'ont pas de durée. Le *Billbergia thyrsoidea* a les bractées réunies en gros bouquets, d'un rose excessivement vif et d'une teinte vitreuse ; mais leur durée n'est pas très grande. Nous avons dit que la culture des *Billbergia* est facile, leur multiplication ne l'est pas moins : il suffit d'attendre la formation des œilletons, qui se produit, tantôt avant la floraison, tantôt après ou en même temps. On détache (à la main d'un coup sec) ces œilletons (quand ils ont de la force) du pied, et on les met dans des godets, avec un peu de terre fibreuse, coupée de sphagnum, à moins qu'opérant en grand, on ne se contente de les jauger sur une table en pleine terre, et au bout de quelque temps on les vient chercher, une fois garnis de racines, pour les rempoter.

On peut multiplier les *Billbergia* par le semis ; certaines espèces donnent encore assez facilement des graines ; mais le plus beau d'entre eux, le *Billbergia rhodocyana*, est très difficile à féconder et, sauf M. Lemaître, ancien chef des serres à l'Ecole d'horticulture et nous-mêmes, nous n'avons jamais entendu dire qu'on ait obtenu des plantes de semis, et pourtant cela serait un heureux résultat : car ces semis croissent rapidement, et on peut en quatre ans avoir des plantes très fortes et très belles.

Les *Billbergia* sont des plantes très décoratives, d'un emploi tout indiqué pour la garniture des vérandahs, rochers, bûches, etc., et si l'on veut les voir dans les appartements, on peut s'en servir impunément : ils y feront merveille. Comme rusticité, leur force est énorme, nous en avons vu résister plus de trois ans dans des conditions défectueuses, et sans marquer trace de fatigue.

Les *Billbergia* sont de toutes les Broméliacées celles qui sont le plus sujettes aux insectes. Il faut surveiller le dessous des feuilles, et ne jamais les laisser envahir : car il devient alors très difficile de les débarrasser ; le mieux est de les tremper dans le jus de tabac additionné d'eau, aussitôt qu'on aperçoit quelques cochenilles, et de les laver soigneusement. Certaines espèces ont aussi l'inconvénient d'attirer les pucerons, qui descendent dans l'intérieur du tube formé par les feuilles, pour y sucer à leur aise la matière gommeuse, légèrement sucrée, que sécrètent leurs fleurs. Celles-ci sortent déjà envahies par ces insectes, salies et atrophiées, et il devient très difficile de les débarrasser de l'espèce de gomme noirâtre provenant des excréments des pucerons ; cette substance a une adhérence telle que plusieurs lavages à l'eau pure ne peuvent en avoir raison facilement ; il faut donc, lorsqu'on a une serre où on cultive des *Billbergia*, surveiller ceux-ci au moment de la floraison et, quand on voit l'inflorescence formée, bien surveiller, faire de la vaporisation, et au besoin tremper complètement les plantes dans une solution de savon de Marseille, ou de tabac léger, pour détruire les premiers insectes. Bien entendu, si l'on répète l'opération deux ou trois fois, un lavage à l'eau très propre s'imposera.

CHOIX DES PLUS JOLIS *Billbergia*.

Billbergia amœna (LINDL.). Brésil.
    — *bicolor* (HORT.).

Billbergia Breauteana (Ed. André).
— *Cappei* (Ed. Morren).
— *cœlestis* (Hort.).
— *Crogiana* (de Jonghe).
— *decora* (Poepp. et Endl.).
— *granulosa* (Brongn.).
— *Leopoldii* (Ed. Morr).
— *Liboniana* (de Jonghe et Lem.).
— *Moreliana* (Lindl).
— *pyramidalis* (Lindl).
— *thyrsoidea* (Mart. et Schult.).
— *vitata* (Brongn.).
— *zebrina* (Lindl).
— *rhodocyana* (Lem.) (*Hoplophytum fasciatum* Berr).

Ortgiesia (Rgl.).

Caractères botaniques. — Le genre *Ortgiesia* n'a pas été accepté par les botaniques. On l'avait d'abord rapporté avec d'autres aux *Portea*; il est placé aujourd'hui, à l'état de section, dans le genre *Billbergia*. Les caractères distinctifs de cette section sont: feuilles sessiles; inflorescence centrale, un épi dense ou capituliforme, sépales libres ou plus ou moins unis à la base, mucronés au sommet; limbe des pétales court, bractées florales serrées sur les bords, ovules non appendiculés.

Valeur horticole. — Ces plantes ont les feuilles raides, réfléchies, canaliculées, armées d'épines courtes, dures et brunes. L'inflorescence en forme d'épi, de couleur rouge, est formée par la réunion des bractées, se recouvrant en écailles, et cachant des fleurs d'effet nul ou à peu près. Ce sont des plantes de serre tempérée, bonnes pour l'ornementation des vérandas, rochers, bûches, etc. ; solides, faciles à cultiver, et dont la multiplication se fait facilement ; à l'instar des *Billbergia*, ils aiment plutôt la serre un peu sèche.

CHOIX DES PLUS JOLIS *Ortgiesia*.

Ortgiesia Legrelliana (BAK.).
—   *palleolata* (ED. MORREN).
—   *tillandsioides* (RGL.).

Nidularium (LEM.).

Caractères botaniques. —On peut encore, en langage horticole, tenir distincts des *Karatas* les *Nidularium*. Mais, au point de vue botanique, ce dernier type ne peut avoir de valeur générique.

On a prétendu invoquer, comme caractère distinctif entre les *Karatas* et les *Nidularium*, l'insertion de l'anthère, basifixe dans les premiers, dorsifixe dans les seconds. Ce caractère est dépourvu de valeur : car, dans toutes les espèces des deux types, le filet se continue avec le connectif dorsal, et se trouve libre entre les lobes de la base de l'anthère. Il n'y a pas grande valeur à attribuer plus ou moins de longueur ou de brièveté des lobes de la base de l'anthère.

Valeur horticole. — Les *Nidularium* sont de très belles plantes, très solides, très rustiques même ; elles pourraient cependant supporter le mauvais renom qu'on a fait aux Broméliacées, en les nommant des plantes en zinc ; leur port est généralement régulier, elles affectent la forme d'un vase un peu aplati. Les feuilles assez larges y sont bordées d'épines plus ou moins accentuées, elles sont recourbées gracieusement ou dressées, d'un beau vert clair, marqué de

points plus foncés (*Nidularium fulgens*) — ou d'un
beau brun d'acajou brillant (*Nidularium Innocenti*).
Certains *Nidularium* prennent des proportions assez

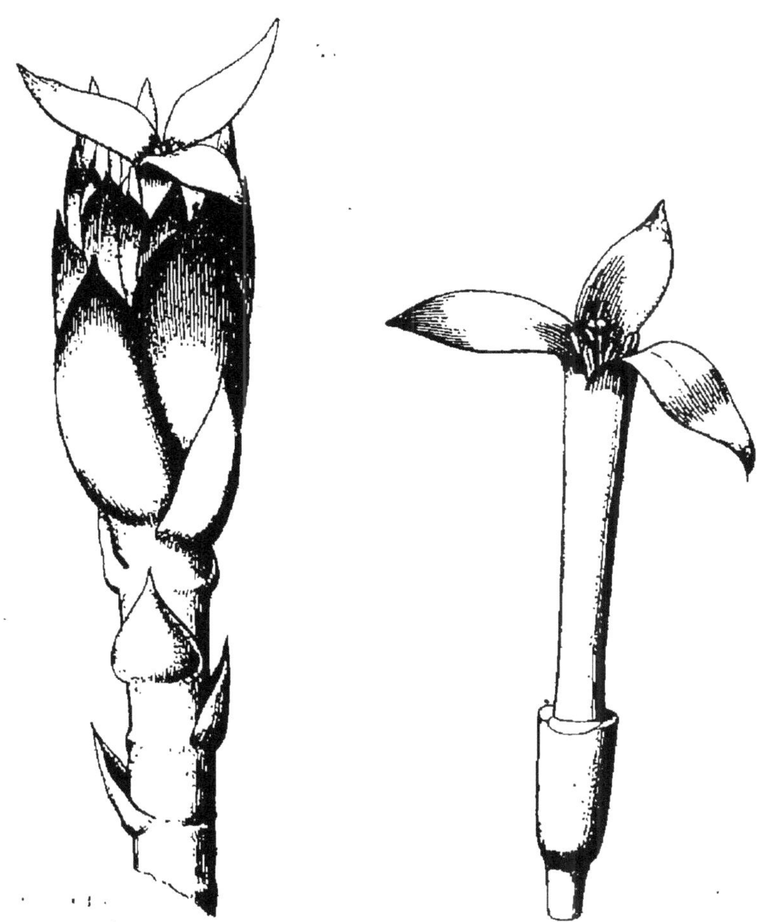

Fig. 18. — *Karatas (Nidularium) tristis*. Inflorescence.

Fig. 19. — *Karatas (Nidularium) tristis*. Fleur, le calice détaché.

fortes, d'autres restent des plantes d'allure moyenne.
Ce qui est remarquable chez les *Nidularium*, ce sont
leurs bractées. Elles s'étalent, sans beaucoup s'élever
au-dessus du vase, formé par la base des feuilles, et
souvent même au fond. Sauf dans certaines espèces,

elles atteignent une intensité de ton admirable (*Nidularium fulgens*), et une délicatesse très grande dans le *Nidularium rutilans*, le plus beau du genre; la durée des bractées chez ces plantes est considérable, et on a souvent vu celles-ci rester intactes des mois en-

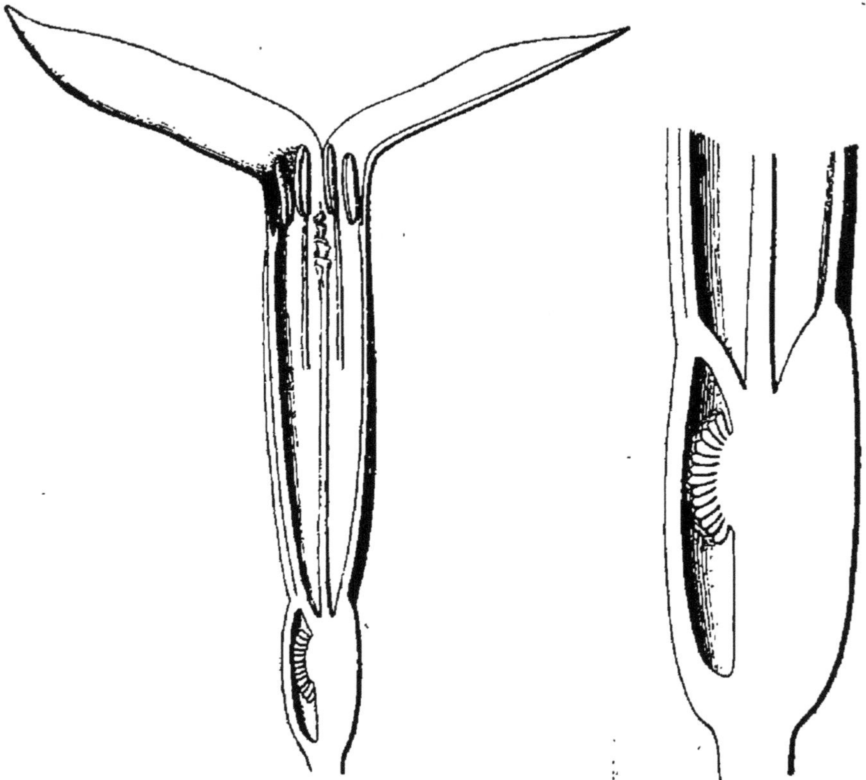

Fig. 20. — *Karatas (Nidularium) tristis*. Fleur, coupe longitudinale et portion inférieure grossie de la même coupe.

tiers. Les fleurs n'ont aucune valeur décorative, elles durent peu, et sont placées à la base des bractées, qu'elles dépassent quelquefois un peu. Il est prudent de les supprimer, au fur et à mesure; leur utilité étant nulle, elles ne serviraient qu'à faire pourrir la place où elles tombent en se décomposant.

La culture des *Nidularium* est simple. Ce sont des

plantes de serre tempérée chaude, dont la vigueur et le grand développement dépendront un peu du milieu où on les cultivera. Il leur faut de l'espace, de l'air, et des soins bien entendus de rempotage. Ces plantes ont des racines vigoureuses, solides, assez nombreuses, qui aiment à trouver une terre riche

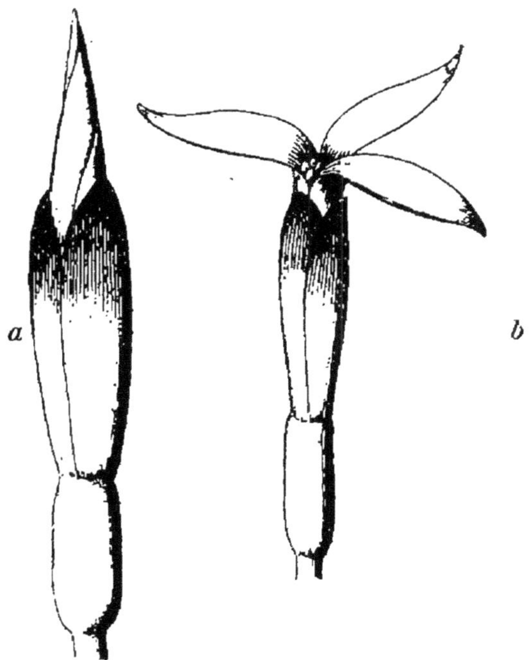

Fig. 21. — *Karatas (Nidularium) tristis. a*, bouton; *b*, fleur.

en humus, facilement perméable, et un bon drainage. On devra opérer le rempotage des *Nidularium*, chaque fois que le besoin s'en fera sentir : car les plantes qui manquent de nourriture durcissent, se nouent, et donnent leurs bractées beaucoup trop tôt, et par conséquent dans de mauvaises conditions, pour que celles-ci prennent tout leur développement.

Les *Nidularium* se trouveront bien d'être arrosés à l'engrais ; toutefois, il ne faudra jamais pousser trop loin ces arrosages. Car ils ne tarderaient pas à faire développer le feuillage d'une façon inaccoutumée, et les bractées auraient certainement à en souffrir dans leur éclat.

Les *Nidularium* sont très faciles à multiplier. Quand ils ont donné leurs bractées, les œilletons se forment autour de la plante mère, au nombre de

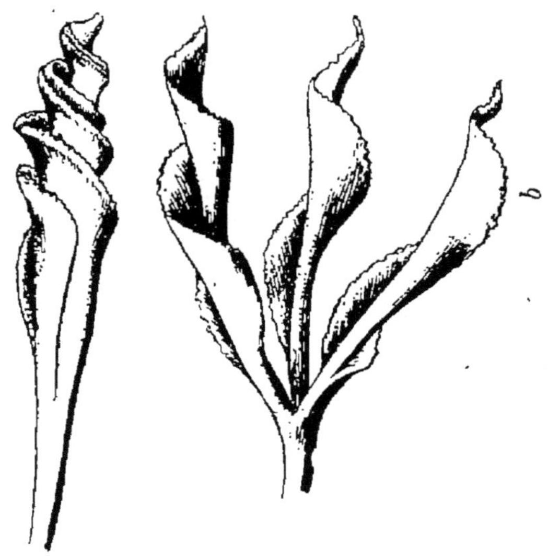

Fig. 22. — *Karatas (Nidularium) tristis. a*, style; *b*, style, les trois branches écartées.

trois ou plus, qu'on ne doit détacher que lorsque ceux-ci sont suffisamment faits pour qu'ils reprennent assez vivement. On peut aussi féconder les *Nidula-rium;* cela n'est pas toujours facile, et plus d'un horticulteur a vu ses tentatives échouer. Cependant cela a été fait; ce mode de reproduction paraît avoir l'inconvénient de ne pas redonner bien fidèlement la plante, et on risque alors d'avoir des semis infiniment moins beaux que la plante mère.

Comme plantes de serre, les *Nidularium* sont précieux, ils peuvent entrer dans la décoration des rochers, des vérandas et des salons, où ils se montrent d'une rusticité à toute épreuve. De toutes les Broméliacées ce sont peut-être celles qui résistent le mieux; ces plantes sont assez sujettes à être recouvertes d'insectes, dont on a beaucoup de peine

Fig. 23. — *Nidularium rutilans.*

à se défaire si on les a laissés se développer. Le mieux est de tremper la plante dans une solution assez concentrée de tabac, et d'attendre un jour; on trempe de nouveau, et on lave à l'eau pure. Il est rare que les poux ne se détachent pas après cette immersion; cela n'empêchera pas de les rechercher, et, armé d'un petit bâton muni d'une éponge, de frotter les feuilles pour les débarrasser complètement de cette vilaine engeance, qui les tache désagréablement et pour toujours. Les *Nidularium*

peuvent contenir de l'eau dans le cœur, à la condition toutefois que l'eau sera propre et non calcaire.
Il sera bon de se souvenir que ces plantes aiment à
être ombrées, aussitôt que les rayons du soleil

Fig. 24. — *Nidularium fulgens.*

deviennent forts. Leur culture sous châssis, l'été,
donne d'excellents résultats.

CHOIX DES PLUS JOLIS *Nidularium.*

Nidularium acanthocrater (ED. MORREN).
—   *amazonicum* (LIND.).
—   *fulgens* (LEM.).

Nidularium Innocentii (LEM.).
—   *Makoyanum* (RGL.).
—   *Marechalii* (HORT.).
—   *Meyendorfii* (RGL.).
—   *rutilans princeps* (ED. MORREN.).
—   *Scheremetiewii* (RGL.).
—   *spectabile* (E. MORREN).
—   *striatum* (HORT. BULL.).

Distiacanthus (BAK.).

Caractères botaniques. — Les *Distiacanthus* sont des Broméliacées herbacées, vivaces, à feuilles pétiolées, dont le limbe s'élargit. Leurs fleurs, jaunâtres ou pourprées, et bordées de blanc, sont groupées en un capitule terminal. Ce sont des plantes originaires de la Nouvelle-Grenade et des régions voisines de l'Amazone. Les caractères floraux sont presque ceux des *Bromelia* ou des *Karatas*. Les sépales, linéaires-oblongs, sont unis à leur extrême base ; les pétales, beaucoup plus longs, sont unis en un tube cylindrique, et ne s'écartent guère qu'au sommet. Les étamines, beaucoup plus courtes que la corolle, sont fixées à sa gorge ; leurs anthères sont linéaires, dorsifixes. L'ovaire multi-ovulé se termine par un style à branches stigmatiques, linéaires, non tordues. Le fruit est une baie oblongue-cylindrique.

La plus belle espèce de ce genre est le *Distiacanthus scarlatinus* (HORT. LIND.).

Cette Broméliacée a un aspect tout particulier, et assez gracieux, rappelant par certains côtés celui des *Pandanus*. Les feuilles sont cependant plus raides, et le port général de la plante est plus régulier. Les bractées sont très belles, d'un rouge intense, et ont une durée très longue. La serre propre aux *Disti-*

acanthus serait plutôt la serre chaude, avec une nourriture assez substantielle, et des arrosages assez copieux. Pendant la grande période de végétation, la multiplication se fait par des œilletons assez longs à se développer, et qu'on ne doit pas détacher avant leur complète formation.

Cryptanthus (OTTO et DIETR.).

Caractères botaniques. — Les *Cryptanthus* sont herbacés, vivaces, fragiles; leurs feuilles en grand nombre sont groupées en rosette, oblongues, lancéolées, le plus souvent maculées. Les feuilles les plus extérieures, émettant à leur aisselle des stolons, sont sessiles ou pétiolées, atténuées au sommet. A l'aisselle des feuilles supérieures se trouvent des fleurs capitées, qui sont presque celles des *Karatas*.

Le calice, supère, a un tube campanulé ou subcylindrique, à lobes ovales-lancéolés, imbriqués ou tordus dans la préfloraison. Les pétales, plus longs que les sépales, connés à l'extrême base, sont tordus, finalement étalés. Les étamines, au nombre de six, sont fixées au tube de la corolle, leurs filets grêles supportent des anthères oblongues, à insertion dorsifixe, plus ou moins accusée, versatiles, à déhiscence introrse ou presque latérale. L'ovaire infère renferme dans ses loges un petit nombre ou un grand nombre d'ovules. Le style grêle se termine par des branches, en forme de faucilles, indupliquées, non tordues, hérissées, sur leurs bords supérieurs, de papilles stigmatiques. Le fruit, finalement sec, renferme des graines subsphériques.

Valeur horticole. — De toutes les Broméliacées ce sont peut-être les plus bizarres et les plus originales; presque absolument acaules, elles ont les feuilles en rosette, étalées, rampantes, contournées, ondulées, s'élançant comme des langues de dragons fantastiques... ou comme des reptiles. A première vue, ces feuilles vertes, saupoudrées d'argent, ou zébrées régulièrement, ou divisées en zones de teintes variées, allant du bronze roux au vert intense, produisent un effet imprévu et très attachant. Les fleurs sont de nul éclat ou à peu près ; mais l'ensemble des plantes est toujours si curieux, si amusant, qu'il n'y a pas à hésiter à les recommander à l'attention des amateurs et de leurs jardiniers. On peut avec les *Cryptanthus* faire des paniers, des suspensions très originales, en les plantant non seulement sur le dessus, mais surtout sur le dessous et sur le côté des paniers ; rien n'est plus joli, plus imprévu, que ces sortes de lampes, accrochées au vitrage des serres chaudes ou tempérées, et, si l'on connaissait mieux ces jolies plantes, on les emploierait aussi à la garniture des troncs d'arbres, des rochers artificiels. On pourrait aussi certainement les mélanger à certaines Orchidées, avec lesquelles ils s'accommoderaient très bien. Il y a un emploi qui peut aussi en être fait, et qui nous a donné des résultats surprenants. C'est de les planter dans le dessous des serres, c'est-à-dire au bord des sentiers, là où les tuyaux ne dessèchent pas le sol ; ils acquièrent dans ces conditions des dimensions considérables ; leur curieux feuillage prend des teintes inattendues, si jolies et si franches qu'ils deviennent de véritables objets d'admiration pour les visiteurs ; en somme les *Cryptanthus* méritent qu'on les classe parmi les plus attrayantes plantes de serre. Leur culture est facile, le compost qui leur convient peut être composé de bonne terre fibreuse, d'un peu de sphagnum et de brisures de pots ou de briques.

L'immersion des paniers s'impose quand ils seront secs, de même qu'il sera bon de leur donner, soit un peu d'engrais, au cas où ils paraîtraient vouloir ralentir leur végétation, ou les *refaire* à nouveau. La multiplication très facile se fait par les œilletons qu'on détache, qu'on laisse sécher un peu, et qu'on pique ensuite dans des godets ou en pleine terre, où ils ne tardent pas à développer des racines.

CHOIX DES PLUS JOLIS *Cryptanthus*.

Cryptanthus acaulis (BEER), Brésil.
     —   *Bakerii* (ED. MORREN).
     —   *sivitatus* (RGL.).
     —   *discolor* (OTTO et DIETR.).
     —   *pumila*
     —   *striatus*
     —   *zonatus var. fuscus* (KL.).
     —   *zonatus var. giganteus* (KL.).
     —   *zonatus var. viridis* (KL.).

Portea (C. KOCH).

Caractères botaniques. — Les *Portea* sont vivaces ; leurs feuilles sont presque celles des *Billbergia* ; leurs fleurs sont disposées en épi terminal, stipulé, à bractées grandes, colorées ; à l'aisselle de chaque bractée se trouvent une ou plusieurs fleurs.

Le réceptacle s'y prolonge, au-dessus de l'ovaire, en une cupule tapissée intérieurement par un disque, dont le bord grêle est sinué.

Le calice est tubuleux à la base, à lobes inégaux, obovales, munis d'une côte excentrique, prolongée par une soie plus ou moins longue ; la préfloraison est tardive. Les pétales, tordus, en forme de longues languettes, dépassent de beaucoup la longueur du calice. Les étamines, au nombre de six; celles qui alternent avec les pétales, sont fixées au bord du réceptacle; celles qui sont superposées, au contraire, aux pétales, sont unies à ces derniers. Chaque pétale porte, insérées suivant une ligne verticale, des écailles libres, latéralement allongées. De plus petites écailles, au nombre de six, sub-orbiculaires, laminées, fixées sur le réceptacle, alternent avec les étamines. Celles-ci ont des anthères linéaires, introrses, dorsifixes. Les loges de l'ovaire, complètes ou incomplètes vers le haut, sont multi-ovulées; le style, longuement filiforme, se termine par des lobes stigmatiques, repliés et tordus. Les ovules sont acuminés, le fruit petit et indéhiscent.

Valeur horticole. — Le plus joli *Portea* est le *P. Kermesina* (BRONGN.).

Cette plante a l'aspect d'un *Pandanus*, aux feuilles larges dans la partie moyenne, à base étranglée et fortement canaliculée. Ces feuilles sont armées de fortes épines au sommet, et de dentelures qui leur donnent une certaine grâce, malgré leur raideur, due à leur consistance solide. La coloration des feuilles est rouge pourpre. L'inflorescence est d'un beau rouge pourpre brillant. Leur culture est celle des *Billbergia;* il en est de même du mode de multiplication.

TILLANDSIÉES

Tillandsia L.

Caractères botaniques. — Les *Tillandsia* sont originaires des régions chaudes des deux Amériques, où ils vivent sur les arbres, les rochers, rarement à terre. Leur surface est glabre ou furfuracée. Leurs feuilles ont des bords entiers, privés d'épines. L'inflorescence est en grappe ou en épi, simple ou composé ; à l'aisselle de chaque bractée, de taille et de coloration variables se trouve une fleur de teinte blanche, rose, jaune, bleue ou violacée, souvent grande et belle. Les fleurs, régulières ou à peu près, sont hermaphrodites, à réceptacle plat ou légèrement concave au centre. Sur les bords de ce réceptacle, s'insèrent : 3 sépales rigides, tordus (décrits à tort comme imbriqués), dont deux sont postérieurs ; 3 pétales alternes, plus longs et plus membraneux, d'ordinaire de coloration plus vive, tordus aussi dans le bouton (mais en sens inverse des sépales). Chaque pétale est muni d'un onglet, connivent avec ses congénères ; le limbe est plus ou moins étalé, doublé en dedans, de chaque côté de l'étamine superposée, d'une écaille de forme un peu variable. La portion du limbe de la corolle qui s'étale à l'anthère, est de dimension variable, tantôt large, tantôt très courte. Les pétales forment à la base, par leur ensemble, un tube droit ou arqué, presque inclus dans le calice, ou exsert. Les étamines, au nombre de 6, sont insérées en dedans du périanthe, souvent unies à sa base ; elles ont un filet libre, une anthère dorsifixe ou basifixe, incluse ou plus rarement exserte, linéaire allongée, à loges parfois libres vers le bas, déhiscentes en dedans par deux fentes longitudinales. L'ovaire sessile est à peu près libre, ou plus ou moins uni à sa base avec le réceptacle ; il est surmonté d'un style, à sommet exsert, partagé en 3 lobes entiers ou bilobés, courts et larges, étalés, chargés de papilles stigmatiques. Il est intéressant, au point de vue de la fécondation artificielle, d'examiner la structure de ces lobes. Ils sont le plus souvent étalés, presque horizontaux, leur ensemble affecte la forme d'une tête aplatie. Ils sont, en réalité, comprimés, obtus, plus ou moins bilobulés; c'est sur leurs bords que les papilles stigmatiques sont les plus abondantes; ils présentent, parfois, un commencement de torsion; le corps du style est creux, à peu de distance au dessus des lobes.

Dans l'angle interne de chaque loge se trouve un placenta axile, chargé d'ovules plurisériés, anatropes et ascendants, à micropyle extérieur, à chalaze plus ou moins prolongée en une corne droite ou arquée.

Dans l'épaisseur même de la cloison ovarienne, on observe, vers le bas, une fente qui dépend de la glande dite septale. Celle-ci prend, en dessous de l'ovaire, un grand développement, dans la cavité infère du réceptacle; elle possède de nombreux replis et sinuosités cérébriformes. Cette glande produit abondamment un nectar qui s'épanche par la fente ovarienne. Il est à noter que souvent aussi le périanthe est recouvert d'une assez épaisse couche visqueuse ou cireuse.

Le fruit est une capsule septicide, à exocarpe, souvent séparé de l'endocarpe, dont les bords s'infléchissent autour des semences. Celles-ci sont ascendantes, longuement linéaires, à corps oblong, s'atténuant inférieurement en une longue baguette qui dépend du tégument externe, et finalement se sépare en longs filaments, simulant une aigrette. L'albumen abondant, farineux, renferme, vers le bas, un embryon farineux, parfois plus long que lui.

Valeur horticole. — Ces jolies plantes seront toujours recherchées des amateurs, parce qu'elles ont une délicatesse de forme, absolument remarquable, et qu'elles n'ont pas la raideur ou la lourdeur de certaines espèces... Au contraire, il y a des *Tillandsia* dont la forme est si curieuse qu'on ne croirait pas se trouver en face de Broméliacées. Le port des *Tillandsia* est variable, et la forme des feuilles est assez différente, selon qu'on a affaire aux espèces ayant des bractées brillantes (*Tillandsia Lindeni vera*) ou à des espèces lilliputiennes, *Tillandsia usneoides* (Barbe de vieillard), dont les feuilles extrêmement fines et argentées forment des faisceaux légers, suspendus aux branches des arbres par des racines si ténues qu'on semblerait voir des cheveux. Les feuilles d'autres espèces sont plus amples, et atteignent des proportions plus grandes, avec une coloration plus ou moins vive en dessous. Mais ce sont surtout les bractées qui sont remarquables, quand elles affectent la forme d'une large spatule du plus beau rose, de laquelle s'élancent des fleurs d'un beau bleu d'azur qui, malheureusement, durent peu ; surtout si on ne les maintient pas dans un milieu qui leur soit favorable (*Tillandsia Lindeni vera*). Les *Tillandsia* sont des plantes de serre chaude, d'une nature certainement plus épiphyte que la plupart des Broméliacées. Il leur faut, en général, un air un peu sec, et elles redoutent l'humidité constante. Beaucoup s'accommoderont d'être traitées comme les Orchidées, suspendues en l'air ou accrochées au vitrage ; certaines espèces même pourront se trouver très bien d'être fixées sur des branches d'arbres, en forme de supports, sans aucune autre substance nutritive que celle qu'elles trouveront dans l'air ambiant de la serre : telles sont les espèces au feuillage extrêmement ténu, à l'apparence grêle, et dont les racines sont, pour ainsi dire, nulles, ou si fines que c'est à peine si on les aperçoit.

Les espèces moins délicates peuvent être plantées en pots, mais il faut user de beaucoup de précautions

Fig. 25. — *Tillandsia usneoides* L. Port. Fleur.

avec elles. Il leur faut de petits vases bien drainés,
et, si on s'aperçoit que les racines se décomposent et

disparaissent, il ne faut pas hésiter à les dépoter, puis cicatriser la base avec du charbon de bois, et les laisser à l'air libre dans la serre, la base de la plante suspendue en l'air à la lumière. Ce n'est que lorsqu'on aperçoit à nouveau des rudiments de racines qu'il faut placer la plante dans un petit godet, avec du sphagnum ou de la terre très saine, qu'on arrosera peu pour commencer. Ce n'est que lorsqu'on sera sûr que la plante a reformé des racines qu'on pourra procéder au rempotage ; les *Tillandsia* aiment la bonne place dans la serre chaude et à la lumière ; ils sont assez frileux, les changements brusques de température ne leur sont pas favorables ; on les multiplie par éclats, faits avec les œilletons qui poussent à leur base, en général, quand l'inflorescence s'est épanouie.

On nous a dit qu'on était parvenu à semer des *Tillandsia Lindeni major*; nous voulons bien le croire, sans cependant l'affirmer, et nous en attendons la preuve. Quant aux *Tillandsia Lindeni vera*, jusqu'à présent, toutes les tentatives faites pour en obtenir des graines en serre ont échoué. La difficulté de féconder ces plantes est très grande ; le tube de leurs fleurs est très long, très étroit, les organes reproducteurs y sont logés de telle sorte qu'il est très difficile de pouvoir les atteindre pour opérer la fécondation. Nous avons très souvent essayé de croiser les *Tillandsia*, sans pouvoir obtenir de résultats bien affirmatifs, et nous souhaiterions d'apprendre que d'autres ont été plus heureux dans leurs tentatives.

Il ne reste donc, pour la multiplication de ces plantes, qu'un seul moyen à notre disposition : le sectionnement des plantes, quand elles sont parvenues à l'état adulte, ce qui demande certaines précautions. Il sera bon d'en opérer la séparation à la main sans le secours du greffoir et de les poser en lieu sec, à l'air et dans la partie éclairée de la serre, sur une tablette, par exemple, puis d'attendre que la base en soit bien complètement cicatrisée. On pourra alors les mettre en godets dans du sphagnum, ou de la terre fibreuse, mais en se méfiant de les trop mouiller, jusqu'à l'apparition des racines. Les *Tillandsia* peuvent servir à faire de très jolies suspensions, et ils doivent, en général, rester à la serre, dont ils feront l'ornement. Ce ne sont pas des plantes destinées à figurer dans les appartements. La bizarrerie de leur forme, leurs petites proportions, leur caractère souvent étrange, en feront toujours des plantes charmantes, dignes d'attirer l'attention du véritable amateur.

CHOIX DES PLUS JOLIS *Tillandsia* :

Tillandsia anceps (LODD.) Trinité.
—   *cæspitosa.* (LE CONTE.)
—   *complanata* (BAK.) Mexico.
—   *Leiboldiana* SYN. *Lindeni.*
—   *Lindeni var. luxurians.*
—   *Lindeni var. Regeliana.*
—   *Lindeni var. vera.*
—   *tenuifolia* (LINN.) Mexico.
—   *usneoides* (LINN.) Amér. tropicale.
—   *macropetala.* (WAWRA).
—   *tricolor* (CHAM. et SCHL.).
—   *tectorum* (ED. MORREN).

Vriesea (LDL.).
Caractères botaniques. — Certaines espèces de *Til*

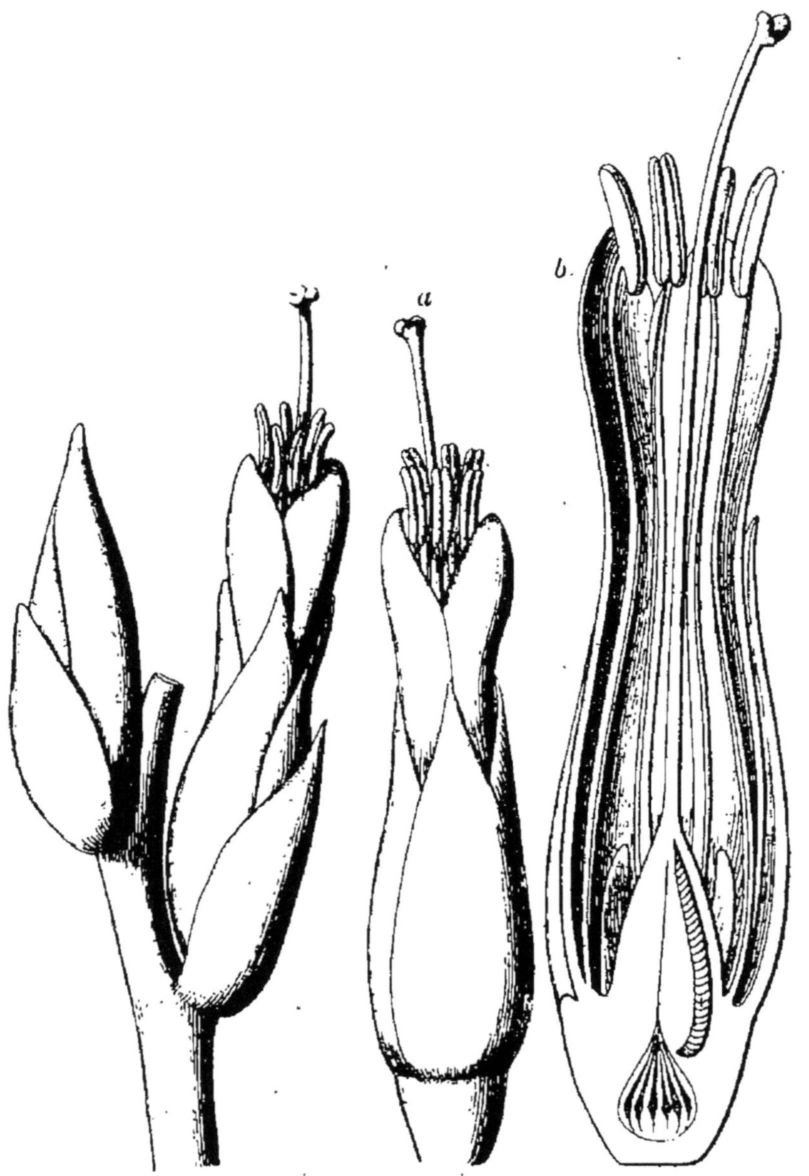

Fig. 26. — *Tillandsia tes-selata* (*Vriesea*). Portion d'inflorescence.

Fig. 27. — *Tillandsia tesselata* (*Vriesea*). *a*, fleur ; *b*, fleur, coupe longitudinale.

landsia sont généralement groupées sous le nom générique de *Vriesea*. Nous nous conformerons à l'usage, ce qui n'a pas d'inconvénient au point de vue horticole. Mais il importe de noter que ce type ne peut botaniquement être maintenu qu'à titre de section, dans le genre *Vriesea*, section dont les caractères sont : feuilles disposées en rosette, inflorescence comprimée, à bractées distiques, ainsi que les fleurs ; pétales portant, de chaque côté de

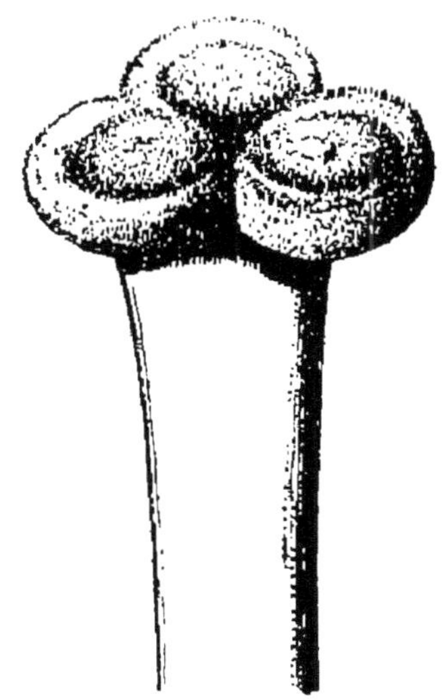

Fig. 28. — *Tillandsia tesselata (Vriesea)*. Style.

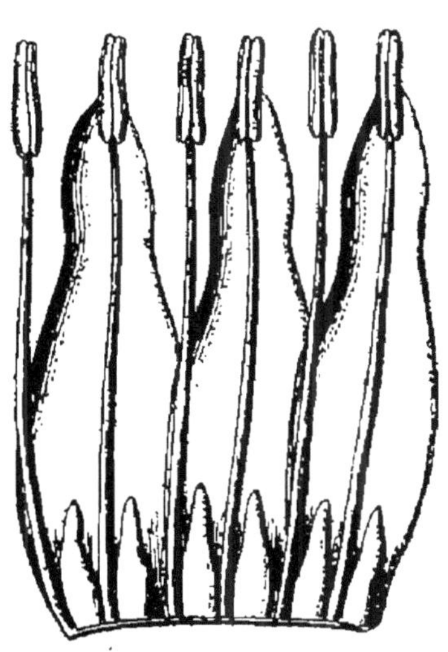

Fig. 29. — *Tillandsia tesselata (Vriesea)*. Portion de la corolle fendue et isolée.

l'étamine superposée, une écaille, souvent symétrique.

Valeur horticole. — De toutes les Broméliacées introduites et cultivées, ce sont certainement les *Vriesea* qui jouent le plus grand rôle dans la décoration des serres. Ce sont les plus choyées, les plus appréciées, et c'est justice ; nulle espèce, comme nous le verrons plus loin, n'a donné lieu à autant de croisements et, disons-le de suite, de croisements heureux ; très variables dans leur aspect général, sinon

dans leurs formes, les *Vriesea* possèdent cet avantage de voir certains de leurs représentants revê-
tus de caractères excessivement séduisants quant
au feuillage... tandis que d'autres sont les plus
belles Broméliacées sous le rapport de la beauté de
leurs bractées. La forme générale des *Vriesea* est à

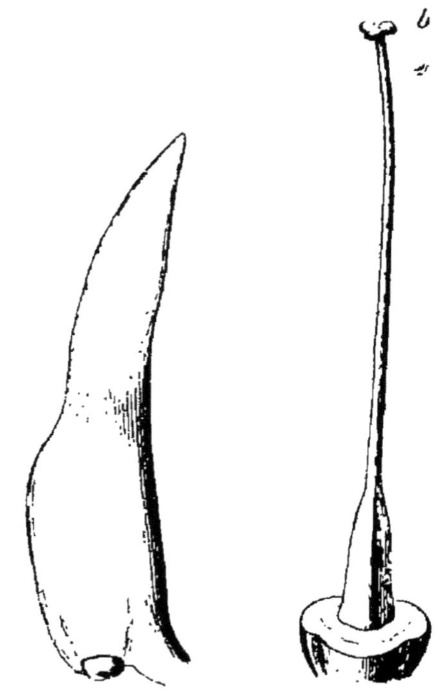

Fig. 30. — *Tillandsia tesselata* (*Vriesea*). *a*, ovule; *b*, ovaire.

peu près celle d'un vase, dont les bords seraient
retombants. Leurs feuilles sont, la plupart du temps,
d'un beau vert, et plus ou moins ornées de dessins.
de hiéroglyphes ou de zébrures. Parmi les espèces
les plus petites le *Vriesea Duvali* (ANDRÉ) est certainement à citer ; parmi les plus grandes le *Vriesea
gigantea* occupe la première place ; mais certaines
espèces semblent être les privilégiées de la nature :
car leurs feuilles sont admirablement ornées, de

dessins plus fins, plus jolis les uns que les autres. Dans le *Vriesea hieroglyphica*, ces dessins sont du plus

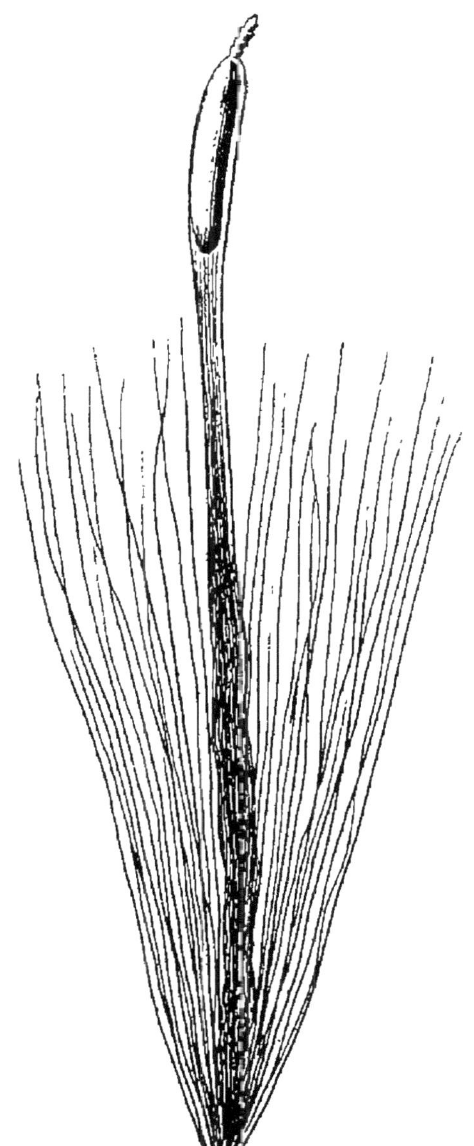

Fig. 31. — *Tillandsia (Vriesea corallina).* Graine.

beau noir sur fond vert émeraude ; dans le *Vriesea Pastuchoffiana*, ils sont si ténus qu'on ne peut les comparer qu'à un réseau délicat de fine dentelle ; dans le *Vriesea tesselata*, ce sont des lignes alternées de vert foncé et de blanc argenté ; tandis que dans le *Vriesea fenestralis* les dessins de la feuille semblent reproduire les formes de certaines algues, ou une étoffe qu'on croirait tissée par la main des fées. Les feuilles zébrées de noir dans le *Vriesea splendens* sont sablées dans le *V. Barileti*, et d'un violet superbe au revers dans le *Vriesea Eliconïoïdes*, devenu si rare maintenant.

Le propre des *Vriesea* est de se reproduire fidèlement par le semis. Aussi l'horticulteur n'a pas manqué de profiter de cette facilité pour multiplier par ce moyen des espèces, telles que le *Vriesea splendens* et sa variété *major*, les *Vriesea tessellata* et *fenestralis*, le *V. hieroglyphica* et tant d'autres. Cela ne devait pas suffire : des semeurs et non des moins savants, profitant de la facilité avec laquelle les *Vriesea* se fécondent, ont voulu faire profiter l'horticulteur de leurs fécondations raisonnées. De ces opérations entreprises par les Ed. Morren, Truffaut, Kettel. Makoy, Marchal, Duval et d'autres, sont sorties des quantités d'hybrides ou de métis admirables, ayant non seulement des qualités semblables à celles de leurs parents, mais possédant certains avantages énormes, au point de vue commercial : la beauté et la durée. Le *Vriesea Rex* par exemple, issu du croisement d'une plante déjà hybride, est tellement beau qu'il n'existe aucune Broméliacée importée qui puisse lui être comparée pour la forme et la couleur brillante de ses bractées. Il est probable qu'un très grand avenir est réservé à ces plantes, qui prendront rang par leurs mérites à côté de certaines Orchidées hybrides, et verront un our leurs qualités reconnues par tous.

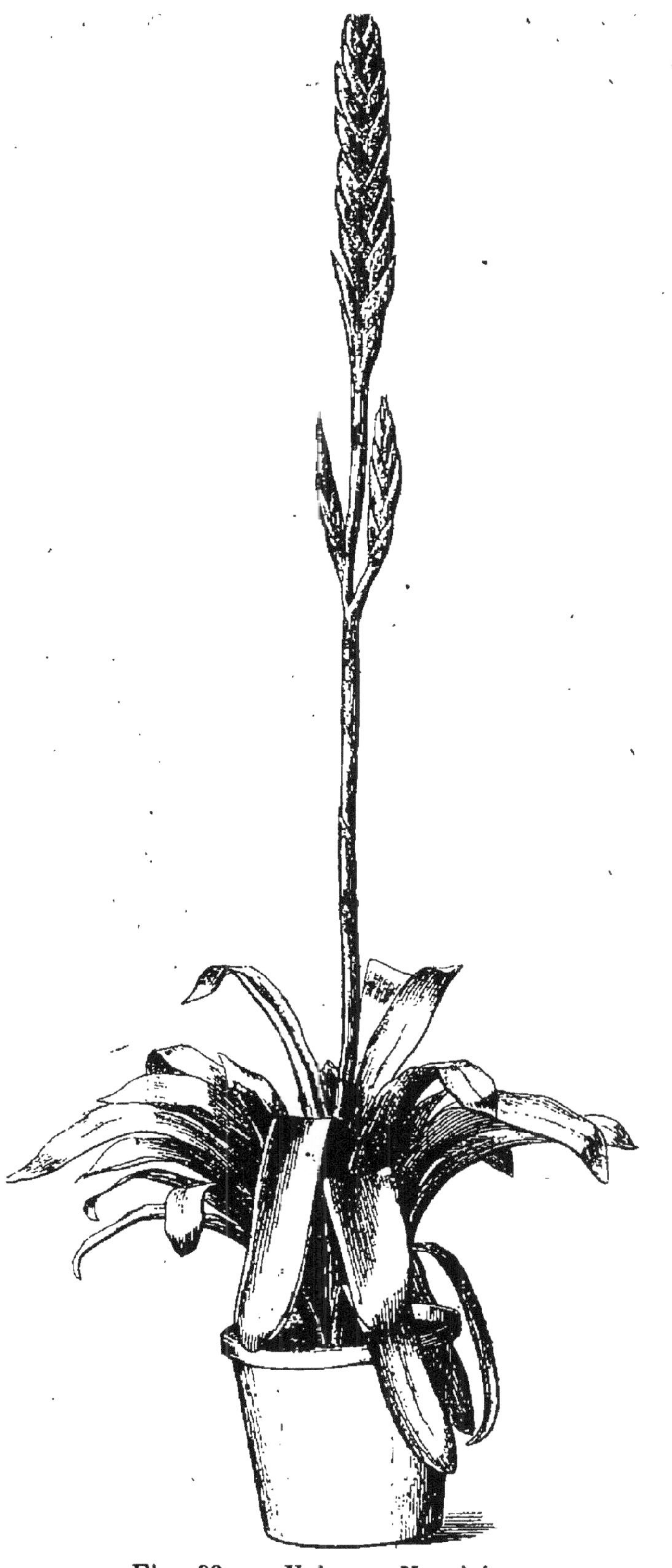

Fig. 32. — *Vriesea Henrici.*
Hybride du *V. splendida* × *V. splendens.*

Fig. 33. — *Vriesea splendens major* (Veitch).

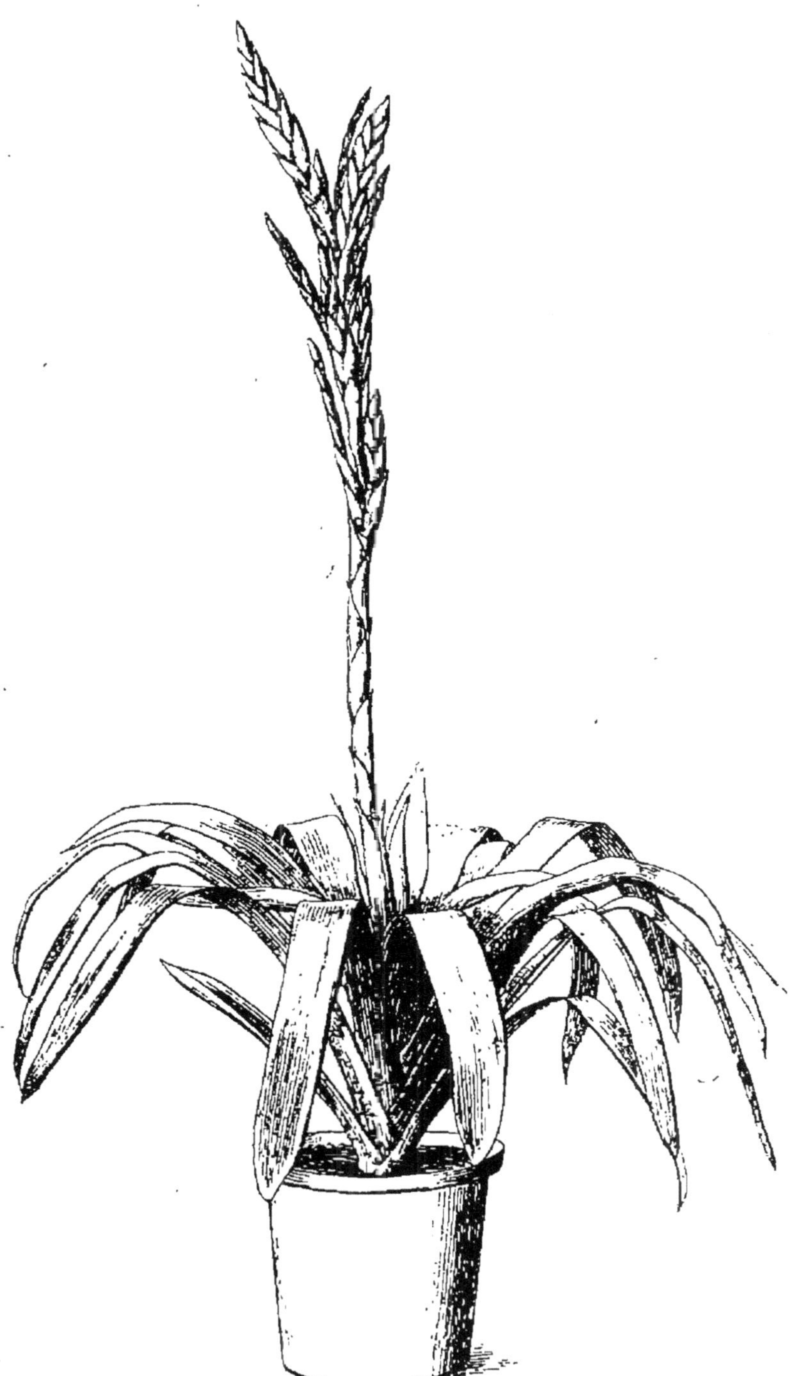

Fig 34. — *Vriesea magnifica* ED. MORREN).

Les *Vriesea* sont des Broméliacées généralement faiblement épiphytes, ils possèdent des racines suffisamment fortes pour s'enfoncer en terre, et par conséquent soutenir et nourrir la plante (surtout les espèces de forte taille, qui croissent en général sur le sol, dans les détritus des grands végétaux tombés à terre).

Les espèces moins fortes ont les racines moins apparentes, et demandent par conséquent un peu plus de précautions pour le rempotage. Disons donc qu'en réalité il faut considérer les *Vriesea* comme des plantes de serre tempérée chaude, et de serre chaude, que les grandes espèces doivent être cultivées en bonne place, en bonne lumière, sans excès cependant, que les rempotages doivent leur être donnés en bon temps, c'est-à-dire en février-mars, et plus tard en juin ou juillet, qu'il faut, selon la nature des racines, leur donner de la terre fibreuse, légère, bien perméable à l'eau, et riche en humus, ou de l'humus pur, et au besoin de la terre additionnée de quelque peu de sable. Les pots doivent être bien drainés ; on devra surveiller les insectes et l'excès d'humidité du pied. Il faut aussi faire attention à ne jamais laisser d'eau sale dans le cœur des *Vriesea*, cela est mauvais et peut entraver le développement de l'inflorescence ; quand celle-ci apparaît, il faut les tenir bien en lumière et ne pas bassiner les plantes, ni jamais toucher aux bractées qui se tacheraient facilement ; si on veut voir leur durée se prolonger, il faut les placer dans une serre un peu moins chaude, et possédant une atmosphère un peu plus sèche.

Il n'est pas rare de voir les *Vriesea*, surtout les nouveaux hybrides, garder leurs bractées fraîches pen-

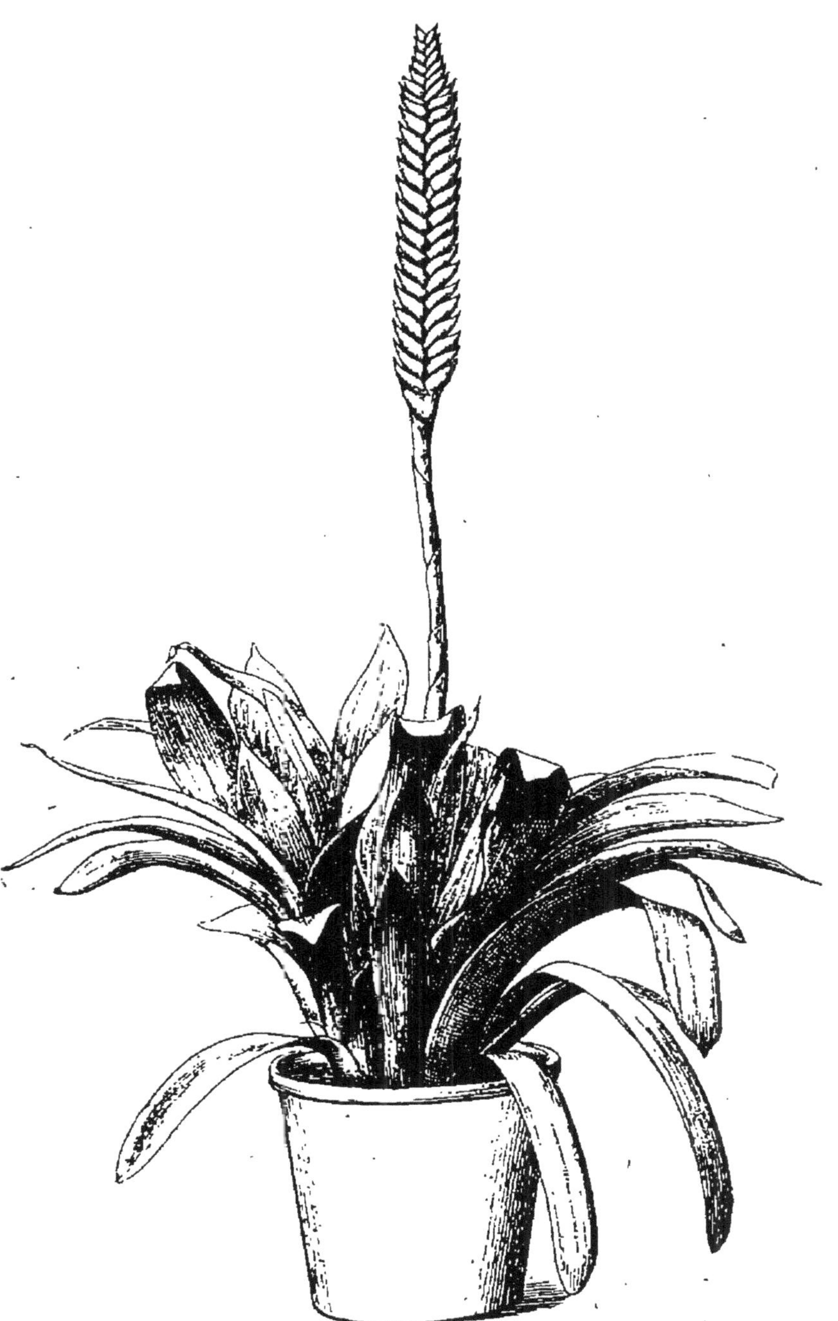

Fig. 35. — *Vriesea magnusiana.*
Hyb. *V. Baritetii* × *V. fenestralis.*

dant deux ou trois mois. Les *Vriesea* sont des plantes de premier ordre pour l'ornementation des serres et des vérandas, des rochers et des bûches, et surtout des appartements. Leurs proportions variées font qu'ils trouvent place partout : les grandes plantes dans les grands vases, et celles de taille plus restreinte trouveront toujours leur emploi, soit dans les jardinières, soit dans les mille et un bibelots dont on se sert pour l'ornementation des salons. Nous l'avons dit, les *Vriesea* se multiplient de graines, et cela très facilement ; mais pour les espèces qu'on veut garder pures, on attendra que les œilletons, qui se forment en général après la floraison, soient suffisamment forts pour être enlevés; on les plongera, soit dans le sable de la serre à multiplier, soit simplement dans un petit godet, dans la serre où se trouvent les plantes, jusqu'au moment où, les racines apparaissant, on procédera au rempotage, de façon à ne laisser jamais durcir les jeunes plantes qui alors donneraient leurs bractées dans de mauvaises conditions. Pareil fait se produit, si on traite les *Vriesea* trop à froid et trop au soleil, car alors ils durcissent, et perdent leur caractère, aussi bien pour le feuillage que pour les bractées.

Choix des plus jolis Vriesea.

Vriesea aurora (Hort. Leod.).
    — *aurora major* (Hort. Leod.).
    — *Barilletii* (Ed. Morren).
    — *brachystachys* (Rgl.).
    — *cardinalis* (Hort. Duval).
    — *chrysostachys* (Ed. Morren).
    — *Duvali* (Ed. André).
    — *fenestralis* (Lind. et André).

Vriesea fulgida (HORT. DUVAL).
— *Henrici* (HORT. DUVAL).
— *hieroglyphica* (ED. MORREN).
— *incurvata* (GAUD.).
— *Kitteliana* (WITTM).
— *kramero fulgida* (HORT. DUVAL).
— *Leodiense* (HORT. LEOD).
— *Leopoldiana* (HORT. LEOD).
— *Malzini* (ED. MORREN).
— *Mariæ* (HORT. TRUFFAUT).
— *Morreno-Barilleti* (HORT. DUVAL).
— *Morreniana* (ED. MORREN).
— *Pastuchoffiana?*
— *Philippo-Coburgii* (WAWRA).
— *psittacina* (LDL.).
— *psittacina fulgida* (HORT. DUVAL).
— *Rex* (HORT. DUVAL).
— *splendens* (BRONG).
— *splendens major* (VESTIT).
— *splendida* (HORT. DUVAL).
— *tessellata* (ED. MORREN).
— *Wiotiana* (HORT. LEOD.).

Caraguata (LINDL.).

Caractères botaniques. — Les *Caraguata* sont des herbes vivaces, à feuilles inférieures concaves, pennées, les supérieures en petit nombre, étroites. Les feuilles du sommet forment à la base de l'inflorescence un involucre ; le plus souvent ces feuilles sont de grandes dimensions.

Les fleurs sont groupées en glomérules denses, capitulés, fermes, multibractés ; ces bractées sont souvent brillamment colorées.

Les fleurs sont presque celles des *Tillandsia*. Leur

réceptacle porte 3 sépales, libres, tordus, rigides ou scarieux, 3 pétales, également libres, plus grands ou plus petits que les sépales. Les étamines, au nombre de 6, ont des filets libres, des anthères introrses, déhiscentes par 2 fentes longitudinales. L'ovaire infère est libre, à 3 loges complètes, portant à leur angle interne de nombreux ovules ; le style qui surmonte l'ovaire est dressé, divisé au sommet en branches tordues, plumeuses ou hérissées de papilles à la face interne. Le fruit est une capsule trigone, septicide ; il renferme de nombreuses graines, munies d'un prolongement inférieur, devenant peu à peu filiforme.

Les *Caraguata* sont originaires des Antilles, des Andes de l'Amérique du Sud et de la Guyane.

Valeur horticole. — C'est un très beau genre que le genre *Caraguata*, et sans contredit c'est un des plus décoratifs comme un des plus faciles à cultiver. La physionomie des *Caraguata* est celle d'une Broméliacée à longues feuilles, assez larges, très engainantes à la base, de façon à former des plantes ayant la forme d'une vasque. Les feuilles plus ou moins recourbées ajoutent à cet ensemble une grâce charmante, elles sont de différentes couleurs, souvent vert clair légèrement rayé (*Caraguata cardinalis*). Elles prennent une teinte admirable, et d'une délicatesse très étonnante, dans le *Caraguata Peacoki*.

Dans une autre espèce, le *Caraguata lingulata splendens*, les feuilles sont rayées de brun rouge plus ou moins accentué. L'inflorescence du *Caraguata* est fort belle, et, avec un peu plus de lourdeur peut-être dans l'ensemble, elle peut rivaliser avec celle des plus beaux *Vriesea*. Elle est formée d'une rosette de bractées plus ou moins rouges, s'étalant au-dessus du feuillage, et supportée par une tige rigide ; ces braclées gardent leur couleur intacte fort longtemps, et l'apparition des fleurs, qui n'ont souvent rien d'ornemental, n'en altère pas la beauté. Dans le *Caraguata conifera*, les bractées affectent la forme du cône jeune de certains conifères.

Les *Caraguata* sont des plantes de serre chaude, aimant à être tenues en bonne place, et en lumière, et

Fig. 36. — *Caraguata cardinalis* (ANDRÉ).

dont on doit surveiller l'état des racines, si l'on veut avoir une bonne végétation, et partant une belle floraison. Une terre légère, bien perméable, leur est nécessaire, et un drainage bien compris est tout indiqué.

La multiplication des *Caraguata* se fait par le sectionnement des œilletons, qui se forment aussitôt après la floraison chez certaines espèces : car, pour le *Caraguata lingulata splendens*, il est beaucoup plus facile de le reproduire de graines, qu'il donne avec abondance et assez facilement. Il n'en est pas de même pour le *Car. cardinalis*, et d'autres espèces, dont jusqu'à ce jour, malgré des tentatives réitérées, on n'a pu obtenir des graines fertiles ; il est donc bon de faire observer qu'on devra toujours

Fig. 37. — *Caraguata zahnii* (syn. *Tillandsia zahnii*).

attendre la bonne saison, pour séparer les œilletons des pieds mères, et qu'on devra n'enlever ceux-ci que lorsqu'ils seront suffisamment forts. On risquerait, sans cette précaution, de les voir fatigués à la reprise, et se mettre à fleur, ce qui a l'inconvénient de donner des plantes émettant une inflorescence dans de mauvaises conditions, et par conséquent à moitié avortée, ne donnant pas une idée juste de la beauté de la plante. Les *Caraguata* sont des plantes de croissance rapide, et fort rustiques dans les appartements. Ce sont des plantes de commerce de tout premier ordre.

CHOIX DES PLUS JOLIS *Caraguata*

Caraguata Andreana (ED.MORR.). Nouvelle-Grenade.
— *conifera* (ED. ANDRÉ).
— *cardinalis* (ANDRÉ). Am. trop.
— *lingulata* (LINDL.). Jamaïque.
— *lingulata splendens*.
— *Morreniana* (ED. AND.ʼ. Nouvelle-Grenade.
— *musaïca* (ED. ANDRÉ). Massangea.
— *Peacoki* (ED. MORREN). Andes.
— *sanguinea* (ED. ANDRÉ).
— *zahnii* (HOOK.). Am. Centr.
— *Van Voxelmi* (ED. ANDRÉ).

Guzmania (R. et P.)

Caractères botaniques. — Les *Guzmania* sont vivaces, herbacés, originaires de l'Amérique tropicale. Ils ont les feuilles des *Caraguata*, leurs fleurs sont disposées en un épi simple, muni de bractées.

Les caractères floraux sont ceux du genre *Caraguata*. Sépales oblongs, tordus, unis à l'extrême base ; corolle gamopétale, à lobes tordus, plus courts que le tube cylindrique de la corolle ; étamines fixées à la gorge de la corolle, à anthères adhérentes plus ou moins haut, autour du style, ovaire supère ou à peu près ; style allongé, à rameaux courts, obtus, indupliqués. Le fruit est identique à celui des *Caraguata*.

Valeur horticole. — C'est un joli genre que le genre *Guzmania*, gracieux et très digne d'être cultivé. Les feuilles, réunies en rosette, et plus ou moins dressées ou recourbées, donnent à ces plantes des allures gracieuses, surtout dans le *G. Devansayana*, ou le *G. Melinonis*, où l'on trouve la couleur rose pourpre en dessous et vert intense au-dessus. Leur inflorescence est fort jolie : c'est une sorte d'épi serré, plus ou moins gros, plus ou moins allongé, d'un rouge intense superbe dans le *G. Melinonis*, et réticulé de blanc et de noir dans le *G. tricolor*. La durée de ces jolies bractées n'est pas très grande, environ huit à quinze jours, trois semaines au plus. La culture qu'on doit leur appliquer est la même que celle des *Vriesea*, et, quant à l'emploi qu'on peut faire de ces jolies plantes, il est tout indiqué par leur facies : ce sont des plantes de commerce, et par conséquent des plantes d'appartement.

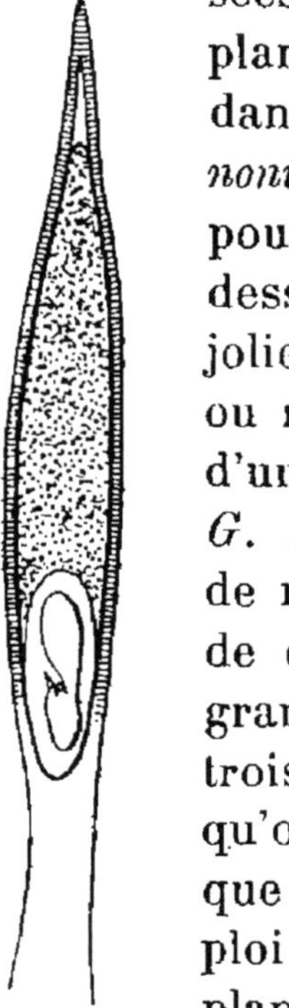

Fig. 38. — *Guzmania tricolor* R. et P. Graine, c. longitudin.

CHOIX DES PLUS JOLIS *Guzmania*.

Guzmania Devansayana (ED. MORREN). Ecuador.
   —   *frytrolepis* Syn. *fragrans* (BRONG.).
   —   *Melinonis* (RG.). Guyane.
   —   *tricolor* (R. et P.). Indes Occidentales.

Pitcairnia (LHÉR.).

Caractères botaniques. — Les *Pitcairnia* sont des Broméliacées vivaces, parfois suffrutescentes ; leurs feuilles forment une rosette basilaire, ou placée au sommet de la tige ; elles sont entières, membraneuses ou ri_

gides, à bords munis de dents serrées, prolongées
en épines. Les fleurs y sont disposées en une grappe
terminale, simple ou faiblement ramifiée, parfois
spiciforme, parfois aussi très réduite. L'axe de cette
inflorescence porte des bractées très petites ou de
taille médiocre, parfois amples, imbriquées, herbacées ou plus rarement colorées.

Fig. 39. — *Pitcairnia corallina*. Port.

Le réceptacle, plus ou moins concave, obpyra-
midal, loge, dans sa concavité, une plus ou moins
grande partie de l'ovaire. Il porte sur ses bords : 3 sépales, pétaloïdes, allongés, à préfloraison tordue
(dont l'un antérieur), 3 pétales alternes, beaucoup
plus longs, atténués aux 2 extrémités, tordus (mais
en sens inverse des sépales) dans la préfloraison ;
2 verticilles de 3 étamines chacun, libres, à filets

subulés, à anthères linéaires, franchement ou à peu près basifixes, à 2 loges introrses, déhiscentes par des fentes longitudinales. De chaque côté des étamines, superposées aux pétales, se trouve ordinairement une écaille, dont la forme et l'épaisseur varient. L'o-

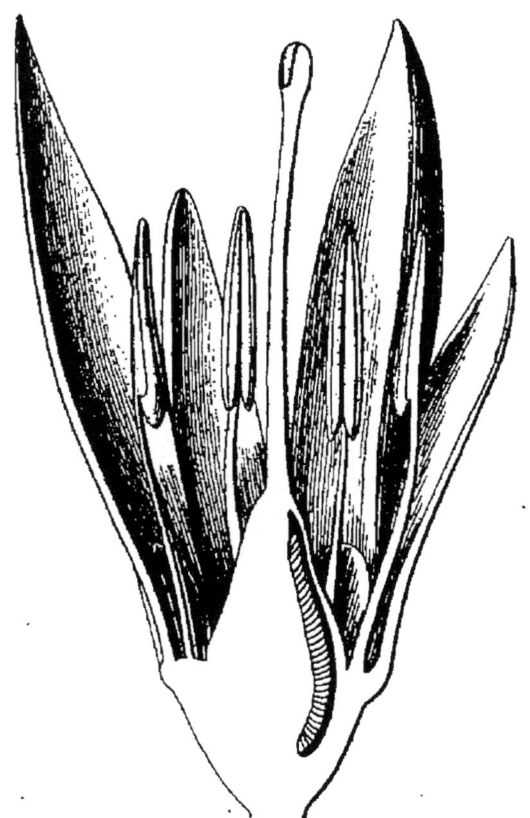

Fig. 40. — *Pitcairnia corallina*. Fleur, coupe longitudinale.

vaire, libre dans la majeure partie de son sommet, est surmonté d'un long style trigone, à 3 branches stigmatiques, ordinairement tordues, condupliquées, à bords papilleux. Les loges de l'ovaire alternent avec les pétales, chacune renferme un placenta axile, chargé d'un grand nombre d'ovules anatropes, superposés, à région chalazienne obtuse ou acuminée.

Souvent le réceptacle porte encore des écailles, analogues à celles des *Billbergia*, mais bien plus courtes.

Le fruit est une capsule septicide, à graines petites et nombreuses, terminées souvent aux deux extré-

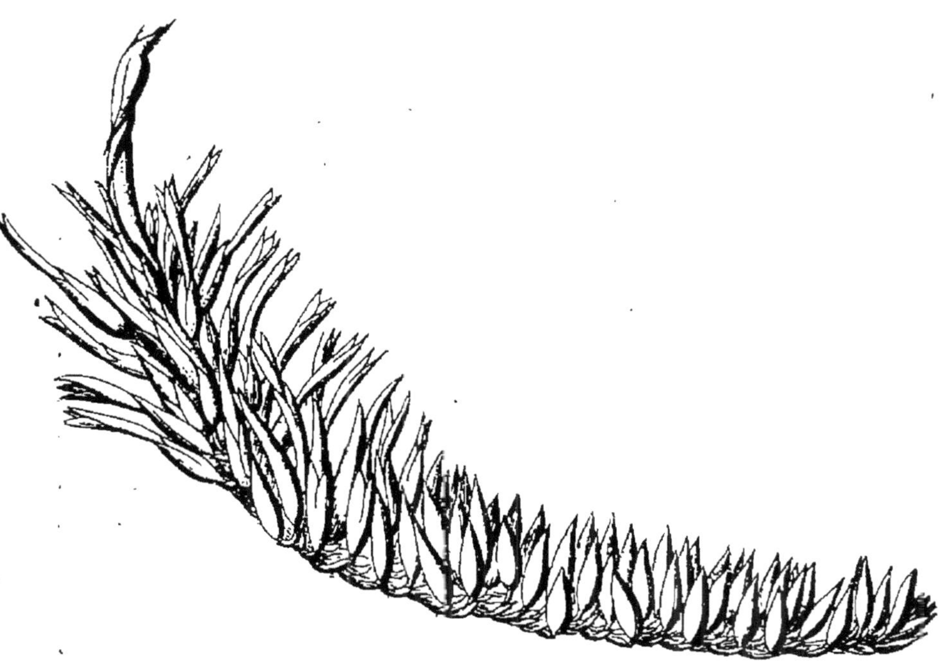

Fig. 41. — *Pitcairnia corallina*. Axe d'inflorescence.

mités par une pointe plus ou moins allongée, renfermant sous leurs téguments un abondant albumen farineux, et un petit embryon, placé à côté du hile.

Valeur horticole. — Il y a de très jolies plantes dans le genre *Pitcairnia*, et leurs allures s'écartent sensiblement de celles des autres Broméliacées : ce sont, en général, des végétaux aux feuilles plus ou moins longues, vertes en dessus, et quelquefois glauques en dessous. Ces feuilles sont ovales, allongées, ou même souvent lancéolées, très allongées, flexibles et portées sur d'assez longs pédoncules. Ces plantes forment des touffes plus ou moins compactes, qui doivent atteindre dans le pays de très grandes dimensions. Leurs inflorescences, en forme d'épis de divers aspects, sont blanches, jaunes et verdâtres. Il y en a d'un rouge éclatant (*Pitcairnia corallina*). Ce sont des plantes de serre tempérée, faciles à cultiver, se plaisant dans la bonne terre de bruyère concassée, laissant passer l'eau facilement. Ce sont des Broméliacées de premier ordre, pour l'ornementation des rocailles, souches et autres, et leur végétation est excellente dans ces conditions, si on leur donne de la lumière.

Ils redoutent les insectes, et il faut y faire attention, parce qu'ils peuvent s'en trouver très facilement atteints, ce qui a d'autant plus d'inconvénients que leurs feuilles sont d'une consistance assez tendre, et se laissent percer facilement par les taches produites par les nombreux ennemis qui peuvent les attaquer.

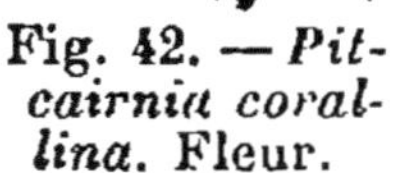

Fig. 42. — *Pitcairnia corallina*. Fleur.

CHOIX DES PLUS JOLIS *Pitcairnia*.

Pitcairnia Altensteinei (C. KOCH).

Pitcairnia Andreana (LIND.).
— *corallina* (LIND. et ANDR.).

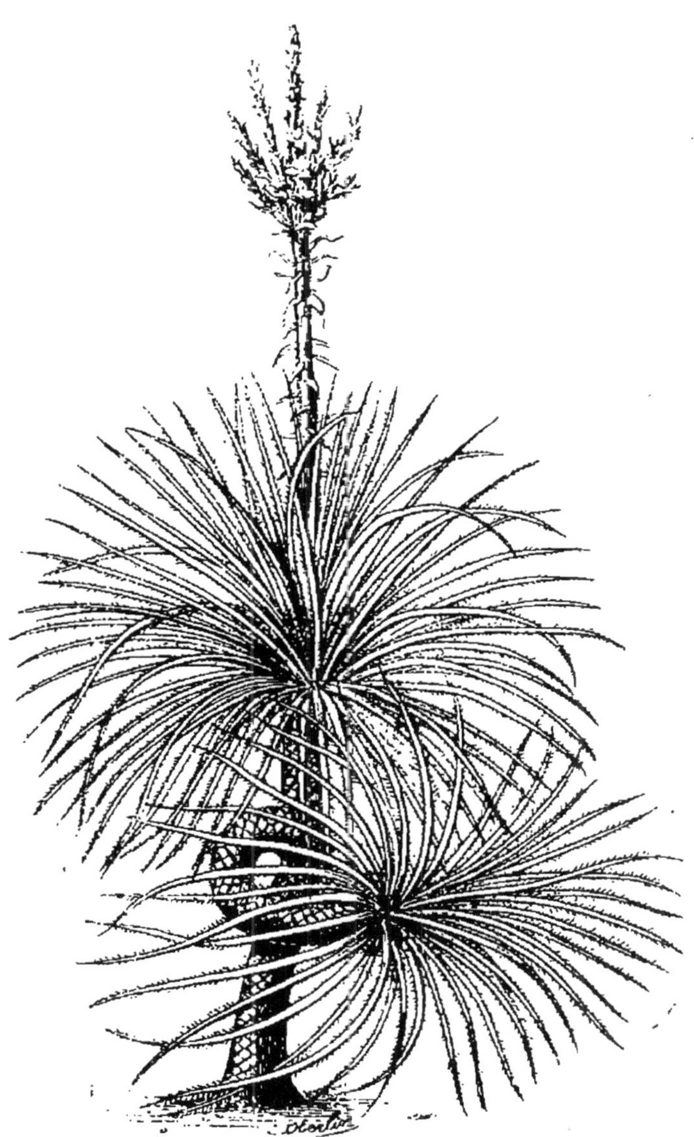

Fig. 43. — *Puya chilensis* MOLINA. Port.

Pepinia (BRONG.).

Caractères botaniques. — Les *Pepinia* ne sont qu'une

simple section du genre *Pitcairnia*, caractérisée par des graines nues, ou entourées au sommet et à la

Fig. 44. — *Puya chilensis* MOLINA. Portion de l'inflorescence.

base d'une bordure plane, courte, membraneuse, appendiculée, parfois cornée.

La forme de l'inflorescence permet de répartir les espèces de cette section en deux séries.

Dans la première, l'inflorescence est une grappe dense, un peu allongée, sessile, se dégageant de l'ensemble des feuilles, groupées au sommet de la tige (*P. punicea* LINDL.; *P. aphelandraeflora* LEM.).

Dans la seconde, la grappe est lâche, longue, parfois ramifiée, à fleurs longuement pédicellées. Les feuilles sont rassemblées à la base de la tige, qui affecte presque la forme bulbeuse (*P. nuda* et *P. consimilis* BAKER, *P. ferruginea* RUIZ et PAV., espèces peu répandues dans les cultures).

Nous ne pouvons mieux comparer les *Pepinia* (comme aspect) qu'à de petits *Dracœna*, grêles, élevés sur tige. Les bractées sont assez curieuses, mais sans éclat bien extraordinaire.

Ce sont des plantes de serre tempérée, très dures, et pouvant servir à l'ornementation des roches et des troncs d'arbres. Leur multiplication est facile et peut se faire en toute saison.

CHOIX DES PLUS JOLIS Pepinia.

Pepinia aphelandraeflora (ED. ANDR.).
 — *punicea* (BRONG.).
 — *incarnata* (ED. MORR.).
 — *recurvata* (ED. MORR.).

Puya (MOL.).

Caractères botaniques. — Les *Puya* sont très voisins des *Pitcairnia*, dont ils ont presque la fleur.

Ce sont des plantes vivaces, herbacées ou arborescentes, à feuilles uniformes, acuminées, rigides, munies de dents épineuses, arquées, groupées en rosettes denses. L'inflorescence forme un épi étroit, ou affecte l'apparence d'une large pyramide. Ce sont des Broméliacées, originaires de la Colombie, de l'Écuador, du Pérou et des Andes du Chili.

Les sépales sont imbriqués ou légèrement tordus. Les pétales, beaucoup plus longs, allongés ou spatulés, sont tordus. Les étamines, au nombre de 6, sont plus courtes que les pétales; les anthères dorsifixes, linéaires, ont une déhiscence introrse. L'ovaire est libre, sauf à l'extrême base; il est surmonté d'un style allongé, à rameaux linéaires, légèrement tordus; les ovules sont en nombre indéfini. Le fruit oblong est une capsule septicide; il renferme des graines sessiles, dont le bord se prolonge en une expansion cornée.

Valeur horticole. — Ces plantes fortes ou assez fortes, à feuillage plus ou moins argenté, mais assez élégant, ont les feuilles longues et minces; les bractées, assez ornementales, sont en panicule assez développé. L'ensemble de ces plantes est curieux, et les désigne pour les ornements en place, rochers et troncs. Elles redoutent l'humidité stagnante. Multiplication par œilletons. Serre tempérée.

CHOIX DES PLUS JOLIS *Puya.*

Puya lanata (SCHULT.).
— *paniculata* (LINAL.).
— *Roëzli* (MORREN).

Encholirion (MART.).

Caractères botaniques. — Les *Encholirion* ne sont regardés, par certains botanistes (Baker, Baillon), que comme une simple section du genre *Dyckia.* D'autres, cependant, à l'exemple de Bentham et Hooker, maintiennent le genre comme une distinct, et l'intercalent dans la série des *Pitcairnia*, entre les genres *Puya* et *Dyckia.* Les caractères botaniques sont, à peu de chose près, ceux de ce dernier genre, et la question de valeur générique n'est que d'une importance négligeable, au point de vue horticole.

Ces belles plantes sont réunies maintenant par les botanistes au genre *Vriesea*.

Cela ne nous empêchera pas d'en parler en leur laissant ce nom, et d'en dire tout le bien que nous en pensons.

Valeur horticole. — Ce sont, en effet, de très belles Broméliacées, au feuillage ample, solide, très bien disposé. On ne pourrait leur reprocher qu'une trop grande régularité, et, partant, une certaine raideur.

Certes, l'*Encholirion Saundersii*, avec son feuillage régulier, couleur de plomb fondu, mériterait bien un peu cette appellation de plante en zinc!

Mais l'*Encholirion Jonghei* est si joli, si gracieux, avec ses feuilles retombantes, d'un beau vert en dessus, et d'un joli violet en dessous, qu'on pardonne à l'un, en faveur de l'autre, sa raideur un peu exagérée. Les *Encholirion* sont des plantes précieuses; car elles ont servi, et serviront encore à opérer des croisements avec des *Vriesea*, et voici pourquoi :

Certains *Encholirion* ont des inflorescences en forme de grappe, lâche, assez forte, sans couleurs brillantes, mais offrant pour l'obtention de nouvelles formes une allure qui n'existe que fort peu dans les *Vriesea*. L'idée est venue alors de les croiser avec ceux-ci, et c'est ainsi que de l'*Encholirion Saundersii*, fécondé par le *Vriesea Barileti*, est sorti le *Vriesea Kiteliana*, très belle plante à l'inflorescence intermédiaire entre les deux parents, et celui-ci fécondé à son tour est destiné à donner des produits superbes.

Il en est de même de l'*Encholirion Yonghi*, qui a

été croisé aussi avec des *Vriesca*, et dont on attend les résultats qui ne seront pas douteux.

Les *Encholirion* sont faciles à cultiver ; ils végètent vigoureusement, et il suffit de leur donner une bonne serre tempérée, de la terre d'humus, des rempotages raisonnés, et ils donneront au cultivateur beaucoup de satisfaction. On les multipliait par éclats, mais le moyen est trop lent, et, comme il est facile d'en obtenir des graines, c'est par ce procédé qu'on peut en avoir autant qu'on le veut. Il faut trois à quatre ans pour faire une plante vendable. Au total, c'est la culture des *Vriesea* qui leur est applicable, et leurs usages sont les mêmes au point de vue décoratif.

CHOIX DES PLUS JOLIS *Encholirion*.

Encholirion corallinum (LIND.). *Vriesea corallina* (RGL.).
—   *Jonghei* (KOCH.).   (*id.*)
—   *roseum* (NORT., LIND.). (*id.*)
—   *Saundersii* (ED. ANDRÉ). (*id.*)

Dyckia (SCHULT.).

Caractères botaniques. — Les *Dyckia* sont des herbes vivaces, du Brésil, des régions Argentines, parfois frutescentes à la base ; leurs feuilles basilaires, assez épaisses, sont groupées en une rosette dense ; leur bord est muni de dents serrées, qui se terminent en piquants. Les fleurs jaunes, orangées, sont groupées en épis parfois contractés , simples ou ramifiés au sommet ; chaque fleur est accompagnée d'une bractée membraneuse.

Les fleurs sont régulières ou légèrement irrégulières, hermaphrodites ou polygames.

Leur réceptacle est presque plan, ou plus ou moins

cupulé. Les 3 sépales (dont l'un antérieur) sont libres ou unis à la base, à préfloraison imbriquée, tordue ou finalement subvalvaire. Les 3 pétales, plus longs, souvent atténués à la base, généralement obliques, asymétriques, sont tordus ou imbriqués. Les étamines, au nombre de 6, subhypogynes ou légèrement périgynes, ont des filets étroits, mais peu élargis, libres ou unis à la base de la corolle; les anthères sont dorsifixes.

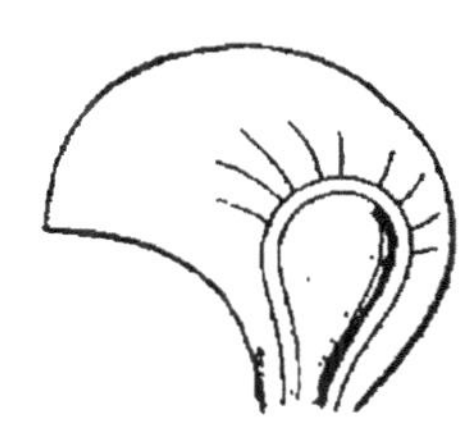

Fig. 45. — *Dyckia rariflora* Sch. Graine ailée.

L'ovaire (rudimentaire dans les fleurs mâles), sessile, est presque supère, ou plus ou moins plongé dans le réceptacle; il affecte la forme d'une pyramide à trois angles. Le style, le plus souvent court, se termine par des rameaux stigmatiques, indupliqués ou tordus, à bords papilleux. Les ovules, en nombre indéfini, sont insérés sur deux séries, obliques ou presque horizontaux. Le fruit, totalement ou en grande partie libre, est septicide, à valves plus ou moins bifides. Les graines, superposées, sont épaissies sur les bords, ou diversement pourvues d'une membrane ailée; elles renferment, dans un albumen copieux un embryon latéral, souvent acuminé.

Valeur horticole. — Ces plantes ont un aspect assez différent des autres Broméliacées. On pourrait les confondre de loin avec certains *Agave*. Elles ont des feuilles épaisses, succulentes, recourbées et armées d'épines très acérées. Ce sont des plantes dont les bractées sont peu ornementales, et les fleurs sans effet.

Il faut la serre tempérée chaude aux *Dyckia*, et il

aut se méfier de ne pas les laisser se recouvrir d'insectes, difficiles à atteindre à cause des épines

Fig. 46. — *Bakeria Tillandsioides*. Port et fragment d'inflorescence.

dont sont armées les feuilles; comme traitement et multiplication, même chose que pour les *Disti-acanthus*.

CHOIX DES PLUS JOLIS *Dyckia*.

Dyckia princeps (LEM.).
— *regalis* (LIND. et MORREN).
— *Griesbachii* (BAKER.).
— *sulphurea* (KOCH).
— *brevifolia* (BAK.).

Bakeria (ED. ANDRÉ).

Le *Bakeria Tillandsioïdes* a été cultivé sous le nom de *V. glaucophylla*. C'est une plante de moyenne force, atteignant la taille de 50 à 60 centimètres, un peu épaisse, et dont les feuilles sont gris argenté en dessous. L'inflorescence est en panicule lâche, les fleurs bleues sont jolies. La plante forme des touffes et peut être cultivée en serre tempérée un peu sèche, en corbeille ou sur bûches ; elle se multiplie d'œilletons ou de séparations.

QUELQUES EXPLICATIONS AU SUJET DES LISTES DE BROMÉLIACÉES

Nous considérons que nous ne devons pas assumer une certaine responsabilité, vis-à-vis des savants ou des horticulteurs sans expliquer, dans les quelques lignes qui vont suivre, la marche que nous avons cru devoir suivre, en ce qui concerne les diverses listes mises sous les yeux des lecteurs ; il nous aurait certes été facile de les augmenter de beaucoup. Nous savons bien que telle ou telle plante, qui n'y figure pas, est très jolie et très digne d'attention. Nous savons aussi que telle autre, que nous avons cru devoir y faire figurer, trouvera des personnes pour en critiquer le choix. Comme il s'agissait en réalité de *causer* des Broméliacées en horticulteur qui les aime et qui les cultive, il fallait avant tout arriver à en expliquer la culture aussi clairement que possible, et d'une manière générale ; puis chercher à dresser une sorte de sélection horticole, se rapprochant non seulement de la nomenclature habituelle des catalogues français et étrangers, mais de ce que l'amateur peut trouver dans les cultures sans être obligé de se livrer à des recherches difficiles ou même impossibles. C'est pourquoi nos listes, qui peuvent paraître un peu tronquées à certains amateurs, et peut-être trop longues à d'autres, n'ont pas d'autre prétention que celle de guider un peu le propriétaire ou son jardinier, de même que l'horticulteur. Tous seront sûrs d'y trouver des noms déjà familliers, des plantes choisies parmi les meilleures, ou les plus connues, et surtout des espèces pouvant servir aux différents usages pour lesquels nous les recommandons. Il n'entre jamais dans nos idées, quand nous écrivons, de nous poser en maître absolu ; nous conseillons de faire telle ou telle chose, parce qu'elle nous semble bonne à faire, mais nous n'entendons jamais imposer notre manière de voir. Partant de ce principe, nous prions nos chers lecteurs de nous excuser si, dans nos listes de Broméliacées, nous en avons oublié qu'ils auraient désiré y voir figurer, et si nous y avons admis des plantes qu'ils considèrent comme indignes d'y prendre place... Nous n'avons eu qu'un but : faire aussi bien que possible et renseigner ceux qui, trop nombreux encore, ne connaissent pas les plantes qui sont le sujet de notre étude et qui, trouvant quelque intérêt à nous lire, voudront bien essayer la culture des Broméliacées.

LES BROMÉLIACÉES HYBRIDES

Si les Orchidées ont su tenter les semeurs, et surtout les savants hybridateurs, comme Domyny, Seden, Bleu et tant d'autres, cela n'a rien qui puisse nous étonner. Les premiers résultats étaient bien faits pour encourager ces remarquables horticulteurs, et devaient être suivis de conquêtes nouvelles, plus merveilleuses cent fois que leurs devancières... Les Broméliacées, d'un aspect plus raide, et certainement moins séduisant que les adorables *reines des airs*, n'en ont pas moins captivé l'attention des savants et des horticulteurs, et la liste est déjà longue de ceux qui ont fécondé entre elles les espèces les plus intéressantes, et qui ont su obtenir des produits d'une beauté incontestable ; à la tête de cette liste, doit figurer le nom du vénéré et regretté maître que nous pleurons : Édouard Morren. Il aimait les plantes qui font l'objet de ce livre, et il sentait si bien qu'il y avait à en tirer un excellent parti, au point de vue de la culture d'amateur et de la culture commerciale, qu'il nous conseillait, chaque fois que nous avions le plaisir de le voir, au milieu de ses collections, de nous livrer à la fécondation des Broméliacées. « Vous verrez, nous disait-il, quelles belles choses vous obtiendrez ; il y a à travailler sur telle espèce, puis sur telle autre. Voyez ce *Vriesea*, puis cet autre. Essayez de croiser ces deux plantes, et certainement vous obtiendrez un hybride excellent... » Sa parole persuasive et sa conversation si spirituelle auraient convaincu un homme moins préparé que nous ne l'étions, aimant déjà ces jolies plantes, et tout disposé à tenter ce que feu Morren nous conseillait avec tant d'éloquence. Aussi dès 1880 commençâmes-nous, mais timidement, à tenter quelques fécondations... Puis ce furent Makoy en Belgique, Marron et Bréauté en France, Lemaitre et Truffaut qui s'occupèrent de ces plantes, au point de vue de l'hybridation. Puis vinrent Kittel en Allemagne, et d'autres semeurs, dont la liste se trouve dans l'excellent catalogue des hybrides de Broméliacées dressé par E. Th. Witte du Jardin botanique de Leyde (Hollande, 1894) et dans celle de A. Griessen (journal *Le Jardin*, n° 20, juillet 1895). Depuis la publication de ces listes, il a surgi d'autres plantes, non moins remarquables, et tous les jours il en sera présenté de nouvelles. Les fécondations opérées pendant les cinq ou six dernières années, et celles qu'on opère tous les jours, donneront certainement un nouvel essor à la culture de ces belles plantes. Les résultats établiront d'une façon irréfutable que les Broméliacées provenant d'hybridations bien raisonnées peuvent atteindre un degré de beauté et de perfection, pour ainsi dire idéal, l'homme ayant à sa portée tous les éléments pour créer des hybrides ou des métis dans lesquels on retrouve les qualités *exagérées* des parents. Les amateurs peuvent donc être assurés qu'il se passera pour ces plantes ce qui s'est passé pour les Orchidées. Ils verront surgir toute une série de variétés, ne ressemblant en rien aux plantes introduites, des formes nouvelles apparaîtront, les feuillages seront modifiés; les inflorescences ou les bractées prendront des proportions inusitées, en même temps que leur éclat sera augmenté; certaines espèces, réputées délicates, croisées avec d'autres, donneront des hybrides parfaitement cultivables. L'horticulture aura prouvé une fois de plus, qu'en s'appuyant sur la science et en y puisant des conseils, elle peut produire des végétaux dignes de l'admiration non seulement des amateurs et des gens du monde, mais aussi des savants.

Nous donnons ci-après le tableau des Broméliacées obtenues de semis et cultivées en Europe. On y trouvera une nomenclature, aussi claire que possible, avec le nom des obtenteurs, et tout ce qui pourrait intéresser les personnes qui, voulant collectionner, tiennent à savoir d'où leurs plantes sont sorties. Ces listes augmenteront sans cesse, notre métier le veut ainsi, il faut toujours marcher de l'avant et trouver du nouveau... n'en fût-il plus au monde! Heureusement que la mine n'est pas près de s'épuiser, et que vaste est le champ où les semeurs peuvent multiplier leurs expériences...

Tableau des Hybrides du genre VRIESEA Lindl.

NOMS DES HYBRIDES	NOMS DES PARENTS	ANNÉES D'OBTENTION	OBTENTEURS
V.×*Albertii* H. Truff............	V.×*incurvata* ♀ Gaud.×V. *psittacina* ♂ Lindl.....	1889	A. Truff.
V.×*Andreana* H. Duv..........	V.×*Morreno-Barilleti* ♀ H. Duv.×V. *splendens major* ♂ H. Duv.............	1894	L. Duv.
V.×*aurora* H. Leod.......... ..	V.×*Morreniana* ♀ E. Morr.×V. *Warmingii* ♂ E. Morr.	1891	Marech.
V.×*aurora major* H. Leod......	V.×*Warmingii* ♀ E. Morr.×V. *psittacina* ♂ L. D. L.	1891	Marech.
V.×*bijou* H. Duv..............	V.×*Morreno-Barilleti* ♀ H. Duv.×V.×*fulgida* ♂ H. Duv............	1893	L. Duv.
V.×*brachystachys major* H.Leod.	V.×*Morreniana* ♀ E. Morr.×V. *Barilleti* ♂ E. Morr.	1890	Marech.
V.×*Cappei* H. Duv..	V. *Van Gertii* ♀ Hort.×V.×*Cardinalis* ♂ H. Duv..	1894	L. Duv.
V.×*cardinalis* H. Duv..........	V. *psittacina brachystachys* ♀ Lindl × V. *Krameri* ♂ Hort.............	1890	L. Duv.
V.×*cardinalis-superba* H. Duv...	V.×*cardinalis* ♀ H. Duv.×V.×*Morreno–Barilleti* ♂ H. Duv.............	1891	L. Duv.
V.×*Closoniana* H. Leod........	V.×*Morreniana* ♀ E. Morr.×V. *Barilleti* ♂ E. Morr.	1890	Marech.
V.×*Devansayana* H. Duv.......	V. *psittacina brachystachys* ♀ L. D. L.×V. *Krameri* ♂ Hort.............	1893	L. Duv.
V.×*Donnéaina* H. Mak.........	V. *Barilleti* ♀ E. Morr.×V. *guttata* ♂ A. Lind.....	1889	J. Mak.
V.×*Duchartrei* H. Duv.........	V.×*Morreno-Barilleti* ♀ H. Duv.×V.×*splendida* ♂ H. Duv............	1894	L. Duv.

Tableau des Hybrides du genre VRIESEA Lindl. (*Suite*)

NOMS DES HYBRIDES	NOMS DES PARENTS	ANNÉES D'OBTENTION	OBTENTEURS
V.×*Dufricheana* H. Duv........	V.×*Duvali* ♀ E. Morr.×V. *psittacina* ♂ L. D. L...	1890	L. Duv.
V.×*Duvaliana major* H. Duv....	V. *Duvali* ♀ E. Morr.×V.×*fulgida* ♂ H. Duv......	1891	L. Duv.
V.×*elegans* H. Duv............	V.×*Morreno-Barilleti* ♀ H. Duv.×V. *Duvali* ♂ E. Morr.	1893	L. Duv.
V.×*fenestrato-fulgida* H. Duv...	V. *fenestralis* ♀ A. Lind.×V.×*fulgida* ♂ H. Duv...	1894	L. Duv.
V.×*fulgida* H. Duv............	V. *incurvata* ♀ Gaud.×V. *Duvali* ♂ E. Morr......	1888	L. Duv.
V.×*fulgida* H. Mak............	V. *incurvata* ♀ Gaud.×V. *Morreni* ♂ Wawra......	1889	J. Mak.
V.×*gemma* H. Duv.............	V.×*Morreno-Barilleti* ♀ H. Duv.×V.×*fulgida* ♂ H. Duv............	1893	L. Duv.
V.×*gloriosa* H. Duv...........	V. *Barilleti* ♀ E. Morr.×V. *incurvata* ♂ Gaud.....	1894	L. Duv.
V.×*gracilis* Wittm............	V. *amethystina* ♀ E. Morr.×V. *psittacina* ♂ L. D. L.	18?	Marech.
V.×*Gravisiana* Wittm..........	V. *Barilleti* ♀ E. Morr.×V. *splendens* ♂ Brong....	1890	Marech.
V.×*Henricii* H. Duv.......	V.×*splendida* ♀ H Duv.×V. *splendens* ♀ Brong....	1894	L. Duv.
V.×*insignis* H. L. B..........	V. *Barilleti* ♀ E. Morr.×V. *splendens* ♂ Brong.,..	1891?	Witte.
V.×*intermedia* H. Leod........	V. *fenestralis* ♀ A. Lind.×V. *Barilleti* ♂ E. Morr...	18?	Marech.
V.×*Kitteliana* Wittm..........	V. *Barilleti* ♀ E. Morr.×V. *Saundersii* ♂ Hort....	1890	Kitt.
V.×*Kramero-fulgida* H. Duv....	V.×*fulgida* ♀ H. Duv.×V. *Krameri* ♂ Hort.......	1893	L. Duv.
V.×*leodiensis* H. Leod.........	V.×*Morreniana* ♀ E. Morr.×V. *Barilleti* ♂ E. Morr.	18?	Marech.
V.×*Leopoldiana* H. Leod	V. *splendens* ♀ Brong.×V. *Malzinei?* ♂ E. Morr...	18?	Marech.
V.×*Magnusiana* K. Wittm.......	V. *Barilleti* ♀ E. Morr.×V. *fenestralis* ♂ A. Lind..	1889	Kitt.

Tableau des Hybrides du genre **VRIESEA** Lindl. (*Suite*)

NOMS DES HYBRIDES	NOMS DES PARENTS	ANNÉES D'OBTEN-TION	OBTENTEURS
V.×*Mariæ* H. Truff............	V. *Barilleti* ♀ E. Morr.×V. *brachystachys* ♂ L.D.L.	1889	A. Truff.
V.×*Marechaliana* H. Mak......	V. *incurvata* ♀ Gaud.×V. *Morreni* ♂ Wawra......	1889	J. Mak.
V.×*minima* H. Duv............	V.×*Morreniana* ♀ E. Morr.×V. *Duvali* ⚥ E. Morr.	1893	L. Duv.
V.×*Morrèniana* E. Morr.......	V. *psittacina* ♀ L. D. L. × V. *psitt.* *brachystachys* ♂ Lindl......	1882	C. St-Gilles.
V.×*Morreno-Barilleti* H. Duv....	V. *Barilleti* ♀ E. Morr.×V. *Morreni* ♂ Wawra....	1889	L. Duv.
V.×*Nanoti* H. Duv............	V. *Morreni* ♀ Wawra×V.×*fulgida* ♂ H. Duv.....	1894	L. Duv.
V.×*obliqua* Wittm...........	V.×*retroflexa* ♀ E. Morr.×V. *Duvaliana* ♂ E. Morr.	189?	Quint.
V.×*Pommeroescheana* Kit.......	V.×*Morreniana* ♀ E. Morr.×V. *splendens* ♂ Brong.	1893	Kitt.
V.×*psittacina-picta* H. Leod.....	V.×*Morreniana* ♀ E. Morr.×V. *Barilleti* ♂ E. Morr.	1890	Marech.
V.×*psittacino-fulgida* H. Duv...	V. *psittacina* ♀ L. D. L.×V.×*fulgida* ♂ Duv.......	1893	L. Duv.
V.×*psittacino-splendens* H. Duv.	V. *psittacina* ♀ L. D. L.×V. *splendens* ♂ Brong.. .	1894	L. Duv.
V.×*retroflexa* E. Morr.........	V. *scalaris* ♀ E. Morr.×V.×*Morreniana*.........	1884	E. Morr.
V.×*rex* H. Duv.........	V.×*Morreno-Barilleti* ♀ H. Duv.×V.×*cardinalis* ♂ H. Duv.....	1893	L. Duv.
V.×*sphinx* H. Duv............	V. *fenestralis* ♀ A. Lind.×V. *splendens* ♂ Brong...	1893	L. Duv.
V.×*splendida* H. Duv..........	V. *Duvali* ♀ E. Morr.×V. *incurvata* ♂ Gaud......	1889	L. Duv.
V.×*Versaillensis* H. Truff......	V. *brachystachys* ♀ L. D. L.×V. *Duvali* ♂ E. Morr.	1889	A. Truff.
V.×*Weyringeriana* Wittm.......	V. *Barilleti* ♀ E. Morr.×V. *scalaris* ♂ E. Morr...	1890	J. Weyring.

Tableau des Hybrides du genre VRIESEA Lindl. (*Suite*)

NOMS DES HYBRIDES	NOMS DES PARENTS	ANNÉES D'OBTEN- TION	OBTENTEURS
V.×*Wiotiana* H. Leod..........	V. *Barilleti* ♀ E. Morr.×V. *psittacina* ♂ L. D. L...	1892?	Marech.
V.×*Witteana* H. Duv..........	V.×*Morreno-Barilleti* ♀ H. Duv.×V. *splendens* ♂ Brong..................................	1894	L. Duv.
V.×*Wittmackiana* Kitt.........	V. *Barilleti* ♀ E. Morr.×V.×*Morreniana* ♂ E. Morr.	1888	Kitt.

Tableau des Hybrides du genre BILLBERGIA THUNB.

NOMS DES HYBRIDES	NOMS DES PARENTS	ANNÉES D'OBTEN- TION	OBTENTEURS
B.×*Andegavensis* E. And........	B. *thyrsoïdea* ♀ Mart.-Schult.×B. *Morelii* ♂ Brong.	?	Letourn.
B.×*blireiana* E. And............	B. *iridifolia* ♀ L. D. L.×B. *nutans* ♂ H. Wendl.....	1889	E. And.
B.×*Breauteana* E. And..........	B. *pallescens* ♀ C. Koch.×B. *vittata* ♂ Brong......	18?	E. And.

Tableau des Hybrides du genre BILLBERGIA THUNB. (Suite)

NOMS DES HYBRIDES	NOMS DES PARENTS	ANNÉES D'OBTENTION	OBTENTEURS
B.×*Bruantii* E. AND.............	B. *pallescens* ♀ C. KOCH.×B. *decora* ♂ PŒPP.-ENDL.	1884	MAK.
B.×*Collevii* H.-V. GEERT........	B. *amœna* ♀ L. D. L.×B. *vittata* ♂ BRONG........	18?	VAN GEERT.
B.×*Franz Antoine* WITTM.......	B. *Windii* ♀ H. MAK.×B. *vittata* ♂ BRONG........	1891	SCHONP.
B.×*Gireondiana* KRAM-WITTM ..	B. *Saundersii* ♀ E. MORR.×B. *thyrsoïdea* ♂ MART.-SCHULT...	1887	JENISCH.
B.×*Gravisiana* H. LEOD.........	B. *pallescens* ♀ C. KOCH.×B. *maxima barbacena* ♂.	18?	MARECH.
B.×*Herbaulli* H. MAR.........	B. *amœna* ♀ L. D. L.×B. *Leopoldi* ♂ E. MORR......	1880	H. MARON.
B.×*intermedia* H. L. B...	B. *nutans* ♀ H. WENDL.×B. *vittata* ♂ BRONG..	1891	BEROL.
B.×*Jenischiana* WITTM..	B. *pyramidalis* ♀ L. D. L.×B. *Moreli* ♂ BRONG.....	1886	JENISCH.
B.×*Krameri* WITTM....	B. *thyrsoïdea* ♀ MART.-SCHULT.×B. *amœna* ♂ L. D. L.	1888	JENISCH.
B.×*leodiensis* H. L. B.....	B. *nutans* ♀ H. WENDL.×B. *vittata* ♂ BRONG.......	1890	MARECH
B.×*Morreniana* H. LEOD.....	B. *nutans* ♀ H. WENDL.×B. *Sauderiana* ♂ E. MORR.	1891	MARECH
B.×*Perringiana* WITTM.........	B. *nutans* ♀ H. WENDL.×B. *Liboniana* ♂ D. JONCH..	1890	BEROL.
B.×*Rancongneï* E. AND.......	B. *Liboniana* ♀ D. JONCH.×B. *species* ♂?..........	188?	MARON.
B ×*Wexillaria* E. AND.....	B. *Morelii* ♀ BRONG.×B. *thyrsoïdea superba* ♂.....	18?	E. AND.
B.×*Wauteni* H. LEOD......	B. *nutans* ♀ H. WENDL.×B. *Wellrelli* ♂ HOOK.....	1885	MARECH
B.×*Windii* H. MAK.........	B. *nutans* ♀ H. WENDL.×B. *decora* ♂ PŒPP.-ENDL.	1889	J. MAK.
B.×*Willmackiana* H. L. B.....	B. *amœna* ♀ L. D. L.×B. *vittata* ♂ BRONG.........	1891	WITTE.
B.×*Worleana* WITTM.........	B. *nutans* ♀ H. WENDL.×B. *Morelii* ♂ BRONG......	1886	JENISCH.

Tableau des Hybrides du genre PITCAIRNIA L'HERIT.

NOMS DES HYBRIDES	NOMS DES PARENTS	ANNÉES D'OBTEN- TION	OBTENTEURS
P.×*Maronii* E. AND............	P. *Altensteinii* ♀ C. KOCH.×P. *corallina* ♂ LIND.-AND.	1884	MARON.
P.×*Darblayana* H. MAR...... ..	P. *undulatifolia* ♀ HOOK.×P. *corallina* ♂ LIND.-AND.	1898	MARON.

TABLE DES MATIÈRES

www.ingramcontent.com/pod-product-compliance
Ingram Content Group UK Ltd.
Pitfield, Milton Keynes, MK11 3LW, UK
UKHW022229120726
13694UKWH00002B/757

9 782013 586900